谦德少年文库

QIANDE JUVENILE LIBRARY

给孩子的数学启蒙书

你好，数学

中国几何故事

许莼舫　著

团结出版社

图书在版编目（CIP）数据

中国几何故事 / 许莼舫著. -- 北京 : 团结出版社,
2022.1

（你好, 数学 : 给孩子的数学启蒙书）

ISBN 978-7-5126-9253-4

Ⅰ.①中… Ⅱ.①许… Ⅲ.①几何—数学史—中国—
古代—少儿读物 Ⅳ.①O18-092

中国版本图书馆CIP数据核字(2021)第221296号

出版: 团结出版社
　（北京市东城区东皇城根南街84号 邮编: 100006）
电话: （010）65228880　65244790 (传真)
网址: www.tjpress.com
Email: zb65244790@vip.163.com
经销: 全国新华书店
印刷: 北京天宇万达印刷有限公司
开本: 145×210　1/32
印张: 42.5
字数: 758千字
版次: 2022年1月 第1版
印次: 2022年1月 第1次印刷
书号: 978-7-5126-9253-4
定价: 178.00元（全6册）

目 录 *contents*

几何知识的萌芽

一

中国古代对于图形的认识，起源是很早的。大约在公元前二千余年，就是历史学上所称的新石器时代晚期，大部分人已经抛弃了游牧生活，在肥沃的平原上定居下来，从事农业生产。由于人们对自然的斗争已经由被动转向主动，对于事物的数量关系和空间形状的认识，也就有了很大的提高。就在这个时候，人们开始从生产劳动中认识了简单的几何图形，有了几何知识的萌芽。

近几十年来，特别是在解放以后，我国的考古学家和基本建设工作人员等，从地下发掘到了许多殷代以前（就是新石器时代晚期）的陶器，上面画着各式各样的几何图案。例如，1953年在安徽灵璧和浙江嘉兴

图1

发现的新石器时代遗址，掘到了不少碎陶片，上面就有方

格、米字、回字、椒眼和席纹等几何图案。比较迟一些的，又有在河南安阳的殷墟中发掘出来的车轴，上面刻着五边形、六边形以至九边形的图案装饰；陕西宝鸡出土的陶器上有三角形、正方形、矩形和圆等（如图1）；殷、周两代的青铜器上，一般也都有美观的花纹；殷代甲骨文里的田字，还写成了许多小方块。更迟一些的，像西安出土的汉砖，上面有方形、回纹形等几何图案（如图2），种类很多。

图2

我们从这许多地下发掘出来的数据，可以看到中国古代劳动人民对于图形有敏锐的观察力，表现出他们高度的智慧。再考察这些几何图案的形式，发现它们常常表示出相合性、相似性和对称性，具有很好的匠心和意境，其中有不少还可以供今天的工艺美术家们借鉴。

　　根据地下发掘所获得的数据，我们知道上古的劳动人民一定早就有了画图的工具。又从新石器时代的石斧和石铲上所凿圆孔的整齐精确来看，当时似乎也已有了画圆形的器具。

　　我国上古画圆形和方形所用的是"规"和"矩"两种工具。规就是现今所称的圆规或两脚规；矩是用两根直尺接在一起，使它们夹成直角，和现今木工所用的曲尺（拐尺）或水平尺类似。关于这两种工具的来源、形状和用途等，我们看了下举的各种数据，就可以知道它的大概。

　　在殷代的甲骨文中，就已经有了规和矩两个字。这两个字都是象形文字，规字是，很像一个人的手里拿了圆规在画圆；矩字是，像两支曲尺一上一下取相反方向放在一起。

　　汉代人民据传说认为规、矩是伏羲所创造的，因而常常在石上雕刻着"伏羲氏手执矩，女娲氏手执规"的图形。在山东嘉祥县汉代武梁祠的石室里，有几块石刻都是这一类的造像（如图3）；高昌附近古墓里掘到的枢上，描有唐代的星图，其中也画了这种图形。近年在山东沂县发现的汉墓里的石柱上，长沙出土的楚镜上，以及在吐鲁番发现的绢画上，也都看到了类似的图画。伏羲虽然是一个象征性的人物，而且在图像上画成蛇身人面，带有神话色彩，但由此我们可以约略地看到古代的规和矩的形状，并且也能够想象得到这两种工具在中国一定是在很早的时期就出现的。

图3

规、矩在中国古书里的记载，更是多得记不胜记。除了一些书里记着规、矩是倕（古代的巧匠）所创制的以外，如《孟子》中说："离娄之明，公输子之巧，不以规矩，不能成方圆。"《墨子》中有："轮匠执其规矩，以度天下之方圆。"《荀子》中有："圆者中规，方者中矩。"这些都说明了规是画圆的工具，矩是画方的工具。又《孟子》中的"圣人既竭目力焉, 继之以规、矩、准绳", 说明了规和矩可以测目力所不及的东西, 例如丈量田地等。《史记》中所说的夏禹"陆行乘车, 水行乘船……左准绳, 右规矩, 载四时以开九州岛, 通九道", 说明了规和矩可以用来勘测水道。这里和规、矩同时提到的准绳, 就字面来看, 准是测定水平方向的工具, 绳是下悬重锤的绳子, 用来测定竖直线方向的。但是, 我们设想当时还不可能有利用水泡来测定水平的"水准器", 所以准绳不应该是准和绳两种工具, 它只是一条下悬重锤的绳子, 可以和矩结合起来使用, 在建筑工程上用以检验石基是否水平 (如图4, 绳的一端固定在矩的直立分支CE的端点C, 当绳下悬重锤D后的静止方向和这一分支一致时, 可以确定和另一分支接触着的

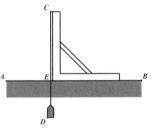

图4

石基边缘AB成水平), 现今的建筑工人还是要用到这个方法, 这个矩就叫水平尺。《周髀算经》(约公元前一世纪时的书) 有"平矩以正绳"一句话, 可能就是指用矩和绳来测定水平方向。另外,《周髀算经》里还有"合矩以为方, 环矩以为圆"两句话。第一句的意思是说, 用两个矩配合起来, 可以做成各种大小的方形; 第二句的意思是说, 使一个矩的两个分支外缘通过一条固定线段的两端, 把这个矩环绕

着旋转一周,那么直角顶点所经过的路线是一个圆(就是以固定线段为斜边的直角三角形,它的直角顶点的轨迹是圆)。这里又提供了矩的另一种用途。

三

　　我国大概从周代开始，由于生产活动的实际需要，人们对图形的认识已在很大程度上有了提高。在春秋时代，齐国出了一本有关工艺的书，名叫《考工记》，著书作者的姓名已不可考。这本书里把几种特殊的角定了专门的名称，例如90°的角叫"矩"，45°的角叫"宣"，135°的角叫"磬折"，67.5°的角叫"欘"等。由此可知，那时除了直角以外，对锐角和钝角也都有了认识了。这本书里叙述到农具、建筑工具和水利用具，都已经能够利用角度来做说明。

　　中国古代测定时刻，常用一种"日晷"。日晷的底盘上刻着度数，利用斜挂的线在日光照射下的影子，在底盘上读出度数而确定时刻。以前在贵州紫云县发掘到一个玉盘日晷，上面刻了很细密的分度

图5

线（如图5），它是把圆周分成100个等份，其中画出了从1到69的分度线，计有68个相当精确的等分。从圆周上所刻的数字来考察，大概这是汉代以前的东西。由此知道，中国对圆的分度的认识，起源也是很早的。

在公元前五世纪时，鲁国的墨翟又把直观的几何知识提高到理论方面。现传的《墨子》一书，大概是墨翟的门弟子所写的，其中记载了他在学术上的各种见解。我们从《墨子·经说上》，知道墨翟曾经给圆和方下了定义。书中提到圆是从一个中心到界上各点的距离都是同样长的；方是四面都是直角的。墨翟还提出了"球的体积和直径的比是常数"的说法。又墨翟在力学和光学上有许多重要发现，这些发现显然是和数学都有联系的。

此后，大约在公元前一世纪，有一部讨论天文测量的书流传于世，就是前面提到过的《周髀算经》。到公元一世纪后期，还有一部叫《九章算术》的书，经过整理、删补而最后完成。因为在这两部书里记载了求各种平面形的面积和立体的体积的方法，以及在地面的和天文的各种测量术，所以我们知道当时的人民已经掌握了更加丰富的几何知识。到三国时，刘徽注《九章算术》（公元263年），又能对图形做出理论分析，证明面积和体积算法的原理（见《中国算术故事》"实用算术的发达"），并且能够应用极限观念来研究求积问题，那是已经把几何知识发展到更高的阶段了。

从《九章算术》等书里所举的问题，我们知道，求面积的方法是从计算田地大小的需要产生的，求体积的方法是从计算仓库容量和工程土方的需要产生的，各种测量术是从农业、水利方面需要研究历法和知道地形高低等产生的。这些都说明了由社会生产的发展，引起了数学的发展。但数学的发展无疑也能推动着社会生产的发展。例如，由天文历法的计算，使人们掌握了寒暑交替的正确规律，由地形测量和土方计算，使水利工程得到适当的施工设计，从而农业生产就随着发展起来。因此，我们可以说，数学发展是和社会生产发展相互作用着的。虽然我国古代劳动人民对几何方面有了很多创造，但毕竟只是在封建社会的生产关系下，由生产实践积累起来的一些零星的、片断的知识。在封建社会里，生产资料被封建统治阶级所占有，劳动人民受到残酷的剥削，这种生产关系束缚了生产力的进一步发展，从而社会生产的发展也就受到了限制。这也就限制了我国古代几何学的进一步发展。

从勾三股四弦五说起

一

凡是学过初等平面几何学的人，都知道一条有关直角三角形三边关系的著名定理。这条定理的内容是："直角三角形的两条直角边平方的和，等于斜边的平方。"过去一般人只知道这定理是由希腊毕达哥拉斯首先发现的（公元前540年），因而把它称作"毕达哥拉斯定理"（或简称"毕氏定理"）。其实我国远在周代就有商高的"勾三股四弦五"的特例，其后就有陈子所举的普遍定理，论起时期来，也是相当早的。因此，我们现在应该正式给这条定理定名，把它称作"勾股定理"。

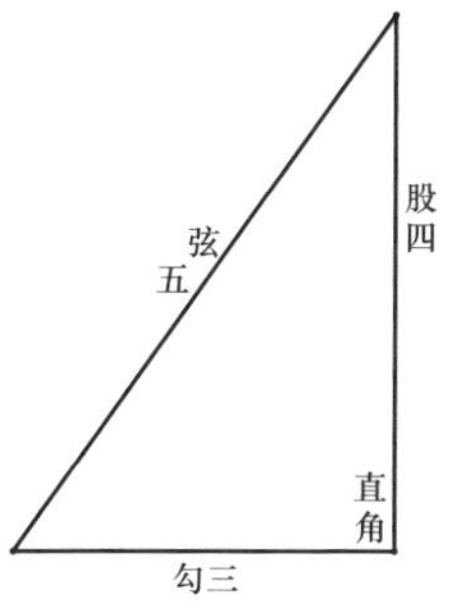

商高是周代人。在我国现传最古的一部数学书《周髀算经》里，记载着商高和周公（公元前一千一百余年）的问答，其中有一段提到了商高所说的勾三股四弦五的重要关系。古时称直角

弦五
股四
直角
勾三
图6

三角形的两条直角边是勾（较短的一条）和股（较长的一条），斜边是弦。勾三股四弦五的意义，就是说，如果直角三角形的两条直角边的长分别是三和四，那么斜边的长一定是五（如图6）。或者反过来说，如果三角形三边的长成为3∶4∶5的连比，那么这个三角形一定是直角三角形（古称勾股形）。这一个性质是表示直角三角形三边间相互关系的一个特例。

勾三股四弦五可能是我国古代劳动人民在生产劳动中的创造，而从商高口中道出，再经后人把它记录在书籍里面的。设想我们的祖先是利用这个关系来准确地做出直角，并用它做标准去进行测量的。比如古代人民在正午时用一根直立标杆的最短的影子确定了南北方向以后，要想决定东西方向，可以取一根十二尺长的绳，依照三尺、四尺、五尺的三段折成一个三角形，把三尺的一边放到已经确定的南北方向，那么四尺的一边所取的方向就是所求的东西方向。

《周髀算经》在商高和周公的问答之后，又载了陈子和荣方问答的话。陈子告诉荣方测量太阳的高和远的方法。他假定地面是平面，先用相似形的比例定理求得太阳直下方地面上一点离测者60000里做勾（如图7），太阳离地的高80000里做股（以上两个数的求法见下篇），然后"勾、股

各自乘,并而开方除之"(就是把勾、
股两个数各平方,然后相加,再开平
方),得100000里,就是从测者到太阳
的距离。从这里,无异于告诉我们勾、
股二数平方的和等于弦的平方,这正
是一条普遍的勾股定理。

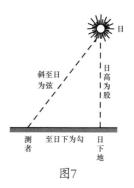

图7

在上例中所设的数——60000,80000,100000,仍是
三、四、五的倍数,似乎普遍性还不够;但是在陈子的其他
几个例子中就完全推到一般了。现在另举一个例子,其中所
求的是太阳在周城(就是周成王所建的都城洛邑,在现今
河南洛阳)正东或正西时的直下地和周城的距离。

陈子仍旧假定地面是平面,再把太阳的视运动路线在
地面上的投影看作是一个圆ABC(如图8)。他在周城(D)
的平地直立八尺高的标杆,用来测太阳的影子。因为这个标
杆是放在周城测望的,所以叫作"周髀"。当夏至那一天的
正午时(太阳在正南方),在太阳光
下测得周髀的影子长1尺6寸,而同时
在南方或北方相距1000里的地方,用
同法测得的影长就要相差1寸(这个
数当然是不够精确的)。因为在太阳
直下方地面上一点(E)如果也直立

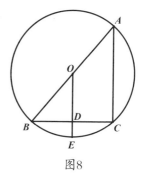

图8

一根标杆,它一定是没有影子的(就是影长0寸),于是陈子由两竿南北相隔1000里时影长差1寸,算出周城和日下地影差16寸,其间相距一定是16000里(这显然是解比例式1∶16＝1000∶x而得到的)。又人伏在地上望北极星,看见星和竿顶相合时,量得人眼离竿足1丈零3寸。照日影来推算(因为如果北极星的光和太阳光差不多强,能使竿后生影的话,那么影长显然就是1丈零3寸),知道地面上位于北极星直下的一点(O)距离周城应该是103000里(解比例式1∶103＝1000∶x而得)。设北极星在地面上的投影是圆ABC的中心O,太阳在周城正东时的直下地是C,在正西时的直下地是B,那么从

$$DE=16000里,\quad OD=103000里,$$

可以算得

$$AB=2×OB=238000里,$$

$$AC=2×OD=206000里,$$

由勾股定理,得

$$BC=\sqrt{238000^2-206000^2}里=119197里$$

于是知道太阳在周城正东或正西时的直下地,和周城的距离CD或BD大约是

$$119197÷2=59598.5里$$

在上例中,由于地面不成平面,南北两地的距离和影差

也就不能成比例，所以得到的结果和实际不符；但是从此却得到了勾股定理普遍的应用例子。

关于勾股定理的证明，在《周髀算经》中虽然没有提到，但是我们从赵君卿（公元三世纪）在该书所附"勾股圆方图"下所加的注，知道他是利用"弦图"来证明这个定理的。如图9，赵君卿把其中的每一个直角

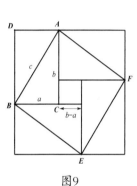

图9

三角形叫"朱实"，中间的一个小正方形叫"中黄实"，把以弦做边的正方形ABEF叫"弦实"。设勾长是a，股长是b，弦长是c，那么每一个朱实的面积应是$\frac{1}{2}ab$，而中黄实的边长是$(b-a)$，面积是$(b-a)^2$。赵君卿的注里说明四个朱实加上中黄实等于弦实，译成代数式，就是：

$$4 \times \frac{1}{2}ab + (b-a)^2 = c^2$$

经过化简，就得：

$$a^2 + b^2 = c^2$$

这是我国关于勾股定理的最早的一个证明。这种利用图形的剖析来做证明的方法，是宋、元间的一种"演段"算法的先导。所谓演段，就是把图形分割成数段，把它们移补凑合，逐步推演，由此得出各形间的相互关系。和赵君卿同时的刘徽也曾利用这种方法证明勾股定理。他在《九章算术》的注里，说到勾自乘是一个朱色的正方形，股自乘是一个青色的正方形，出入相补，可以合成一个弦自乘的正方形。这个注本来是和图形对照着说的，可惜原图已经失传，刘徽怎样分割，无从查考了。

从此以后，各种数学书中应用这一条定理的虽然很多，但是它的证明却很少提到。直到清代西法已经输入，才有梅文鼎、李锐、项名达、华蘅芳等在西法外另创证法多种，尤其是华蘅芳的《行素轩算稿·算草丛存四》中的"青朱出入图"二十二种，最为巧妙。所称青朱出入的意义，大概就是根据刘徽的演段而说的。现在分别绘图（图10到图28），用古法演段，并在各图的注里做简略的说明。

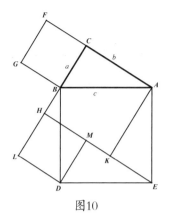

图10

图10. 梅文鼎第一图：BCFG是勾方，ACHK是股方，移勾方于HLDM，再移股方里的ABC于EDM，最后移勾股方合成的形里的BLD于AKE，就成弦方ABDE。（见《勾股举隅》）

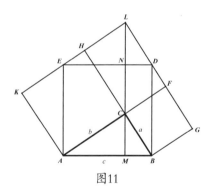

图11

图11. 梅文鼎第二图：BCFG是勾方，ACHK是股方，移AKE于CHL，再移LEN于CAM，那么股方已变成一矩形AENM。同法可变勾方成矩形BDNM。于是就合成弦方ABDE。（见《勾股举隅》）

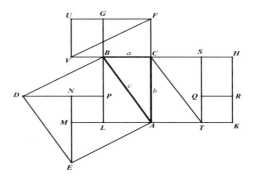

图12. 梅文鼎第三图: 同前, 先移SQRH于UVBG, 再移QTKR于
NMLP, 又移CAT、SCT、UVF、FVC于BLA、NDE、MEA、BDP, 就
得弦方ABDE。(见《几何通解》[1])

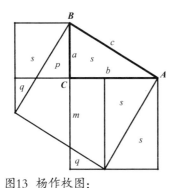

图13 杨作枚图:
$a^2+b^2=(s-q+p)+(2s+m+q)$
$\quad\quad\quad=3s+p+m$
$\quad\quad c^2=3s+p+m$
(见《勾股阐微》)

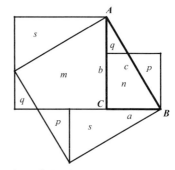

图14 李锐图:
$a^2+b^2=(m+s+q)+(n+p)$
$\quad c^2=n+p+m+s+q$
(见《勾股算术细草》)

1.梅文鼎在他所著的《几何通解》中, 曾利用勾股把欧几里得《几何
原本》里的某些命题做出了说明。这个图原是用来说明《几何原本》
卷二的第七题的, 但也可以借用它来证明勾股定理(其中改画了一条
线)。

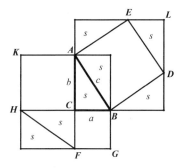

图15 安清翘图：
$a^2+b^2=\square BF+\square AH$
$=\square KG-4s=(a+b)^2-4s$
$=\square CL-4s=\square AD=c^2$
（见《矩线原本》）

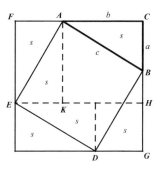

图16 何梦瑶图：
$a^2+b^2=\square DH+\square AH$
$=\square FG-4s$
$c^2=\square AD$
$=\square FG-4s$
（见《算迪》）

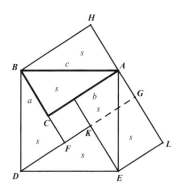

图17 项名达图：
$a^2+b^2=\square KL+\square BG$
$=$五边形$BDELH-2s$
$=\square AD=c^2$
（见《勾股六术图解》）

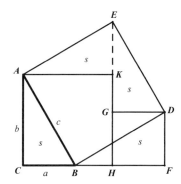

图18 陈杰图：
$a^2+b^2=\square GF+\square AH$
$=$五边形$ACFDE-2s$
$=\square AD=c^2$
（见《算法大成》）

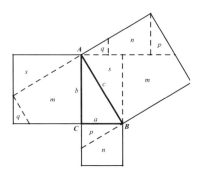

图19 华蘅芳第一图：
$a^2=n+p$
$b^2=m+s+q$
$c^2=n+p+m+s+q$

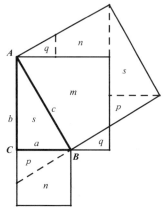

图20 华蘅芳第二图：
$a^2=n+p$
$b^2=m+s+q$
$c^2=n+p+m+s+q$

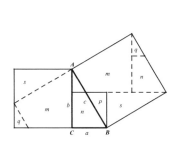

图21 $n+p+m+s+q$[1]

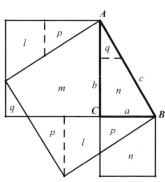

图22 $n+2p+m+l+q$

1.从这里起的八幅图，也是从华蘅芳的"青朱出入图"中选录的，为了简便起见，说明只指出勾方、股方一共是某几个形的和，也就是弦方是这几个形的和。

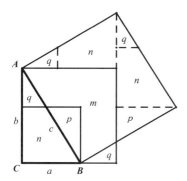

图23 m+2p+2n+2q

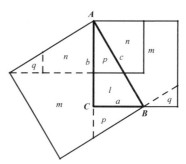

图24 n+m+q+l+2p

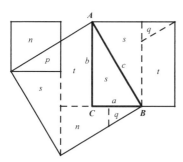

图25 n+p+2s+t+q

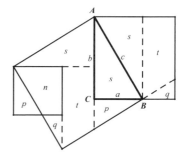

图26 n+p+2s+t+q

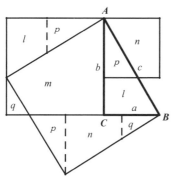

图27 n+2p+m+q+l

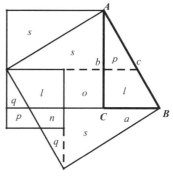

图28 n+p+2s+q+2l+o

　　以上许多证明,都是利用图形的"出入相补"的,我们设想刘徽的证明应该也属于这一类。

三

　　由勾股定理，我们可以在勾、股、弦三数中知道任意二数而求另一数。这个定理发现以后，不久就发展而得已知勾、股、弦中两数和或差的种种问题，这就是所谓的勾股算术。在现传刘徽所注的《九章算术》里，最后一章就叫"勾股"，其中共载二十四个题目，有勾、股、弦三数互求问题，以及已知它们的和或差的问题（但其中还包含利用勾股形的测量问题，这些在下面两篇中再提）。书中所列的解法，由刘徽的注，知道大多根据图形演段而得，但图已失传了。现在选录三题，并根据刘徽的注，举示解法于下。

　　【题一】今有户高多于广六尺八寸，两隅相去适一丈，问户高、广各几何？答曰：广二尺八寸，高九尺六寸。

　　本题中的已知数六尺八寸显然是勾股差，一丈是弦。《九章算术》原有的解法用图形说明不太明显，刘徽举出比较简明的解法，就是利用弦图，先求勾股和，再用和差法求勾和股。下面绘图加以说明。

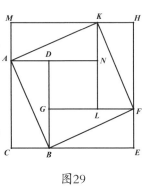

图29

设矩形ACBD是户，广CB是勾（a），高AC是股（b），两隅相去AB是弦（c）。另作矩形BEFG、FHKL、KMAN各和ACBD全等，如图凑合，得大正方形CEHM，它的边长MC是高、广的和（b+a），中空一小正方形DGLN，它的边长DG是高广差（b-a）。连BF、FK、KA，得正方形ABFK，它的边AB是弦（c），其中含全等的直角三角形四个和小正方形DGLN一个。又正方形CEHM里含全等的直角三角形八个和小正方形DGLN一个。于是由

$$□AF=4△ABC+□DL$$

以2乘，得　　$$2×□AF=8×△ABC+2×□DL=□ME+□DL$$

所以　　　　$$2×□AF-□DL=8×△ABC+□DL=□ME$$

以a、b、c代勾股弦，得$2c^2-(b-a)^2=(b+a)^2$

∴　　　　　　　$$b+a=\sqrt{2c^2-(b-a)^2}$$

用题中的已知数c=100寸，b-a=68寸代入，可得

$$b+a=\sqrt{2×100^2-68^2}寸=124寸$$

再由和差法得　　$$b=\frac{1}{2}(124寸+68寸)=96寸$$

$$a = \frac{1}{2}(124\text{寸} - 68\text{寸}) = 28\text{寸}$$

【题二】今有池方一丈,葭生中央,出水一尺,引葭至岸,适与岸齐。问: 水深、葭长各几何? 答曰: 水深一丈二尺,葭长一丈三尺。

题中的一丈折半是五尺,就是勾,一尺是股弦差。我们从刘徽的注,知道本题的解法是利用下举的图形来演段的。

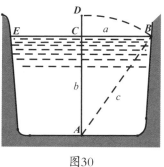

图30

如图30,水面 BE 等于方池的边长, C 是 BE 的中点, AD 是直立的芦苇, AB 是把芦苇牵引到岸边时的位置。因为 $\triangle ABC$ 是直角三角形,所以设 $BC=a$, $AC=b$, $AB=c$,那么由勾股定理,得 $a^2+b^2=c^2$,就是 $c^2-b^2=a^2$。如图31,以阴影标出的一个部分的面积是 c^2-b^2,它等于 a^2。又小正方形 $HKLI$ 面积是 $(c-b)^2$,移矩形 $FHIG$ 到 $LNPM$ 的位置后,矩形 $INPJ$ 面积等于 $a^2-(c-b)^2$。但是

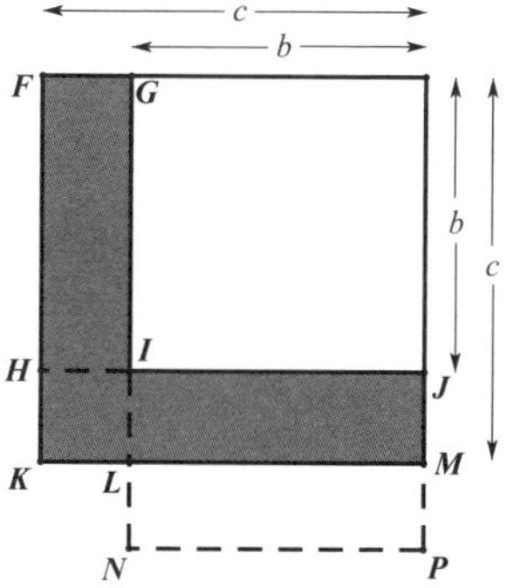

图31

$IN=2(c-b)$，所以可得求$IJ=b$的公式：

$$b = \frac{a^2 - (c-b)^2}{2(c-b)}$$

已知BE=1丈，CD=1尺，由此可得

$$a = BC = \frac{1}{2} BE = 5尺$$

$$c - b = AB - AC = AD - AC = CD = 1尺$$

代入公式，得水深是

$$b = \frac{5^2 - 1^2}{2 \times 1} 尺 = 12尺$$

芦苇的长是c=12尺+1尺=13尺

【题三】今有圆材埋在壁中，不知大小，以锯锯之，深一寸，锯道长一尺。问：径几何？答曰：材径二尺六寸。

本题也是一个已知勾和股弦差的问题，但所求的不是股而是弦，和上题略有不同。我们如果仿上题演段，只要在图31中多画上一个小正方形，补满左下角的缺口，设所补的小正方形是$NLKQ$（图中未画，读者自己补出），那么矩形$HQPJ$的面积显然是$2(c-b)c$，但又是$a^2+(c-b)^2$。所以得$2(c-b)$ $c=a^2+(c-b)^2$，从而可得本题的公式：

$$c = \frac{a^2 + (c-b)^2}{2(c-b)}$$

但考《九章算术》原术，却和上述的有些不同。现在绘图说明于下。

如图32，BE是在圆材
上锯得的沟长，CD是沟深，
AB、AD和AF都是圆材的半
径，BC是沟长的一半。因为
$\triangle ABC$是直角三角形，所以设
$BC=a$，$AC=b$，$AB=c$，那么由
勾股定理，得$c^2-b^2=a^2$。照上
题的图31，作出c^2-b^2，得到用

图32

阴影线标出的部分，它就等于a^2，我们依HI把它分割成两个
矩形，显然可以拼合而成一个狭长的矩形，它的阔是$(c-b)$，
长是$(c+b)$，面积等于$(c-b)(c+b)$。因此，我们知道$(c-b)$
$(c+b)=a^2$，从而可得

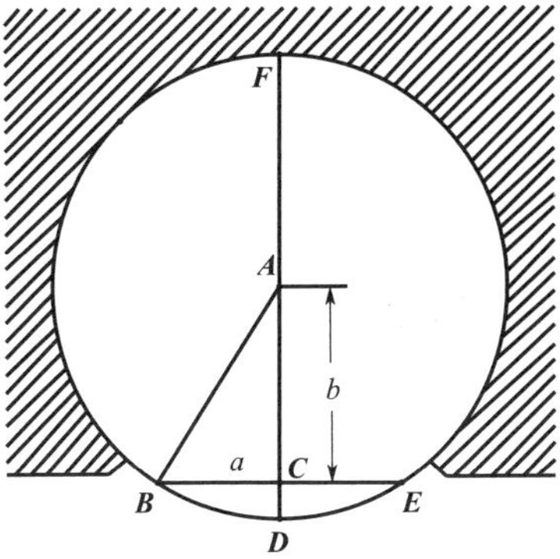

$$CF = c+b = \frac{a^2}{c-b}$$

因为$CD=AD-AC=c-b$，加到上式两边，就得求直径DF
$=d$的公式：

$$d = 2c = \frac{a^2}{c-b} + (c-b)$$

题中已知$BE=1$尺，$CD=1$寸，由此可得

$$a = \frac{1}{2}BE = 5\text{寸}, c-b = AB - AC = AD - AC = CD = 1\text{寸}$$

代入公式，得圆材的直径是

$$d = \frac{5^2}{1} \text{寸} + 1\text{寸} = 26\text{寸}$$

《九章算术》中还有已知勾弦差而求弦的问题,以及已知勾和股弦和而求股的问题等等。后人又把两数和差推广而得三数和差,或更推广到三数中任何二数的积。这样构成的勾股问题,变化繁多,可以多到一百多种,其中有些还需解二次方程或三次方程。

四

　　勾三股四弦五中的三个连续整数，恰有$3^2+4^2=5^2$的关系，和勾股定理相符，这是一组最简单的整数勾股弦数值。这三、四、五的任何倍数也都能适用于勾股定理，所以每一组都是整数的勾股弦数值。古代数学书中所设的勾股问题，它的勾、股、弦三数一般都取整数，除三、四、五或它们的倍数外，还有其他的整数多种。

　　关于整数勾股弦的求法，明代以前的书中都没有记载，古算题所设的数，也许是从实验得来的。到了清代，有许多人对这个问题从事研究，创造求法十多种，都很简易，现在选录三种于下，以供读者参考。

　　(一)罗士琳法：设m、n是任意的两个正整数，但$m>n$。以m^2+n^2做弦c的值，m^2-n^2做勾a的值，那么可得股的值是

$$b=\sqrt{c^2-a^2}=\sqrt{\left(m^2+n^2\right)^2-\left(m^2-n^2\right)^2}=2mn$$

$$\therefore \quad \begin{cases} a = m^2 - n^2 \\ b = 2mn \\ c = m^2 + n^2 \end{cases}$$

例如, 依次用从2起的连续整数代上式中的 m, 从1起的代上式中的 n, 可得整数勾股弦如下表, 它的组数无穷。

N\m	1	2	3	4	5	6	......
2	3, 4, 5						
3	8, 6, 10	5, 12, 13					
4	15, 8, 17	12, 16, 20	7, 24, 25				
5	24, 10, 26	21, 20, 29	16, 30, 34	9, 40, 41			
6	35, 12, 37	32, 24, 40	27, 36, 45	20, 48, 52	11, 60, 61		
7	48, 14, 50	45, 28, 53	40, 42, 58	33, 56, 65	24, 70, 74	13, 84, 85	
......	......	......	......	......	......	......	......

（二）《数理精蕴》法: 化 $a^2+b^2=c^2$ 成 $a^2=(c+b)(c-b)$, 就得

$$(c+b) : a = a : (c-b)$$

于是选取 m、p、n 三个整数，使 $m:p=p:n$，并且使 m 和 n 同是奇数或同是偶数，以 m 做 $c+b$ 的值，n 做 $c-b$ 的值，p 做 a 的值，得

$$m+n=(c+b)+(c-b)=2c$$

$$m-n=(c+b)-(c-b)=2b$$

$$\therefore \quad \begin{cases} a=p, \\ b=\dfrac{1}{2}(m-n), \\ c=\dfrac{1}{2}(m+n) \end{cases}$$

例如，由 $9:3=3:1$，设 $m=9$，$p=3$，$n=1$，那么

$$a=3, \quad b=\frac{1}{2}(9-1)=4, \quad c=\frac{1}{2}(9+1)=5$$

（三）沈善蒸法：设 a_1、b_1、c_1 是已知的小直角三角形的勾、股、弦三整数，a_2、b_2、c_2 是要求的另一直角三角形的勾、股、弦三整数，那么，因为

$$a_1{}^2+b_1{}^2=c_1{}^2$$

两边各加 $c_1^2+2a_1b_1+2b_1c_1+2c_1a_1$，得

$$a_1^2+b_1^2+c_1^2+2a_1b_1+2b_1c_1+2c_1a_1=2c_1^2+2a_1b_1+2b_1c_1+2c_1a_1$$

就是 $$\left(a_1+b_1+c_1\right)^2=\left(2b_1+2c_1\right)\left(a_1+c_1\right)$$

$$(2b_1+2c_1):(a_1+b_1+c_1)=(a_1+b_1+c_1):(a_1+c_1)$$

由合比定理得

$$(a_1 + 3b_1 + 3c_1) : (a_1 + b_1 + c_1) = (2a_1 + b_1 + 2c_1) : (a_1 + c_1)$$

内项更调得

$$(a_1 + 3b_1 + 3c_1) : (2a_1 + b_1 + 2c_1) = (a_1 + b_1 + c_1) : (a_1 + c_1)$$

再由合比定理得

$$(3a_1 + 4b_1 + 5c_1) : (2a_1 + b_1 + 2c_1) = (2a_1 + b_1 + 2c_1) : (a_1 + c_1)$$

又因 $\qquad (c_2 + b_2) : a_2 = a_2 : (c_2 - b_2)$

设 $\qquad a_2 = 2a_1 + b_1 + 2c_1$

那么 $\qquad c_2 + b_2 = 3a_1 + 4b_1 + 5c_1$

$$c_2 - b_2 = a_1 + c_1$$

$$c_2 = \frac{1}{2}[(c_2 + b_2) + (c_2 - b_2)] = 2a_1 + 2b_1 + 3c_1$$

$$b_2 = \frac{1}{2}[(c_2 + b_2) - (c_2 - b_2)] = a_1 + 2b_1 + 2c_1$$

$$\therefore \qquad \left.\begin{array}{l} a_2 = 2(a_1 + b_1 + c_1) - b_1 \\ b_2 = 2(a_1 + b_1 + c_1) - a_1 \\ c_2 = 2(a_1 + b_1 + c_1) + c_1 \end{array}\right\} \cdots\cdots\cdots\cdots (1)$$

又因 $\qquad (-a_1)^2 + b_1^2 = c_1^2$

所以可用 $-a_1$ 代 (1) 中的 a_1，得

$$\left.\begin{array}{l} a_2 = 2(-a_1 + b_1 + c_1) - b_1 \\ b_2 = 2(-a_1 + b_1 + c_1) + a_1 \\ c_2 = 2(-a_1 + b_1 + c_1) + c_1 \end{array}\right\} \cdots\cdots\cdots\cdots (2)$$

同理，以 $-b_1$ 代 (1) 中的 b_1，又可得

$$a_2 = 2\left(a_1 - b_1 + c_1\right) + b_1$$
$$b_2 = 2\left(a_1 - b_1 + c_1\right) - a_1 \Big\} \cdots\cdots\cdots\cdots (3)$$
$$c_2 = 2\left(a_1 - b_1 + c_1\right) + c_1$$

应用上得的 (1) (2) (3) 三组公式,可由已知的一组整数勾股弦,求得三组较大的整数勾股弦。照此递求,由一而三,由三而九,由九而二十七,以至无穷。例如:

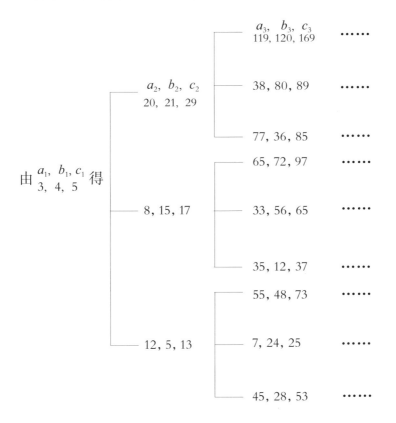

由 $\begin{matrix} a_1, & b_1, & c_1 \\ 3, & 4, & 5 \end{matrix}$ 得

$\begin{matrix} a_2, & b_2, & c_2 \\ 20, & 21, & 29 \end{matrix}$

$\begin{matrix} a_3, & b_3, & c_3 \\ 119, & 120, & 169 \end{matrix}$ ⋯⋯

38, 80, 89 ⋯⋯

77, 36, 85 ⋯⋯

8, 15, 17

65, 72, 97 ⋯⋯

33, 56, 65 ⋯⋯

35, 12, 37 ⋯⋯

12, 5, 13

55, 48, 73 ⋯⋯

7, 24, 25 ⋯⋯

45, 28, 53 ⋯⋯

中国的三角测量——重差术

在《九章算术》的勾股一章里，除了勾、股、弦三数互求和已知和差的问题外，另有八个利用相似勾股形来进行测量的问题。这些问题是中国古代的三角测量术，起源可能很早，《周髀算经》中陈子测日的方法，以及三国时刘徽《海岛算经》里的测量术，大概都是由这个方法发展起来的。现在选取刘徽在《九章算术》序文中特别提出的"四表望远"和"因木望山"两题，增补图形，解答于下。

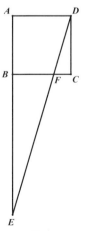

图33

　　【题一】有木去人不知远近，立四表相去各一丈，今左两表和所望参相直，从后右表望之，入前右表三寸。问：木去人几何？答曰：三十三丈三尺三寸少半寸（古称 $\frac{1}{3}$ 为"少半"）。

　　如图33，A、B、C、D是四根标杆（古称

"表"），排列成正方形（或菱形），每相邻二竿的距离都是1丈，E是树木，人在A处，A、B、E三点在一直线上。从D望E，视线和BC相交于F，CF长3寸。因为两个勾股形CDF和AED相似，所以CF∶AD＝CD∶AE，就是

$$AE = \frac{AD \times CD}{CF}$$

所以原书的解法是

$$(100寸)^2 \div 3寸 = 3333\frac{1}{3}寸$$

【题二】有山居木西，不知其高，山去木五十三里，木高九丈五尺，人立木东三里，望木末适和山峰斜平，人目高七尺，问：山高几何？答曰：一百六十四丈九尺六寸太半寸（古称 $\frac{2}{3}$ 为"太半"）。

如图34，山高是AB，木高CD是95尺，人高EF是7尺，而FD的距离是3里，DB的距离是53里。作CG和EH分别和地平线FB平行，因为两个勾股形CEH和ACG相似，所以EH∶CG＝CH∶AG，就是 $AG = \frac{CG \times CH}{EH}$ ，从而

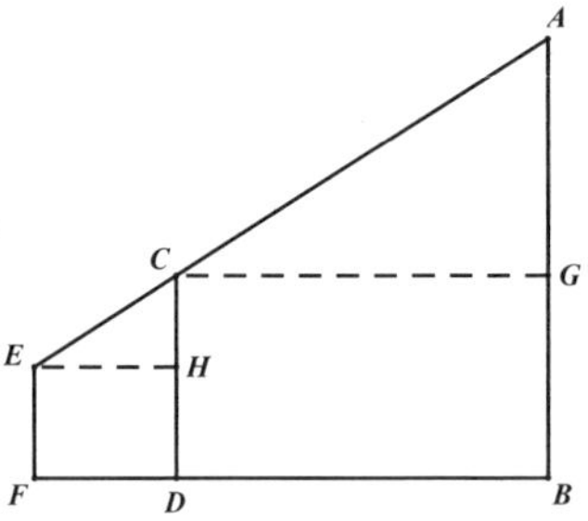

图34

$$AB = \frac{CG \times CH}{EH} + CD$$

所以原书的解法是

$$53 里 \times (95 尺 - 7 尺) \div 3 里 + 95 尺 = 1649 \frac{2}{3} 尺 。$$

在上举的两题中，题一的结果就是

$$AE = AD \cdot \frac{CD}{CF} = AD \times \tan(DFC) = AD \times \tan(ADE)$$

题二中表示 AG 的式子就是

$$AG = CG \cdot \frac{CH}{EH} = CG \times \tan(CEH) = CG \times \tan(ACG)$$

可见这种勾股测量术和现今三角学中解直角三角形的简易测量只是形式不同，实际却是完全一样的。

另外，在《周髀算经》里又记载了商高所说的用矩测量的方法，原文是："偃矩以望高，复矩以测深，卧矩以知远。"这个说法也是利用相似勾股形的简单测量，意思是说，要测高把矩仰着（如图35），要测深把矩俯着（如图36），要测地平面上两点间的远近，把矩侧卧着（如图37）。这三种测量都可以由比例式 $\frac{x}{h} = \frac{a}{b}$ 算得所求的数 x，而这个式子就是 $x = a \cdot \frac{h}{b}$，右边的 $\frac{h}{b}$ 也可以用 x 所对锐角的正切表示，和前举《九章算术》的两个题目是一样的。

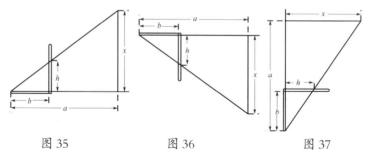

图 35　　　　　图 36　　　　　图 37

以上所举的各种三角测量，都只是利用一组相似直角三角形，在成比例的两组对应边中，已知三数而去求另一数，所以是非常简单的。如果测者和目的物之间有阻隔而不能达到，那么要测量目的物的高、深、广、远，上法显然就不适用了。

要测不能到达的目的物，必须利用双重的相似三角形，做比较复杂的测量，这个方法叫作"重差术"。我们在上一篇里，已经讲到陈子在南北相距1000里的两处地方立竿测量日影，北竿影长16寸，南竿影长15寸，由此算出了太阳直下方地面上一点和北竿的距离是 $\dfrac{1000 \times 16}{16-15}$ 里 $=16000$ 里。

这一个测量法如果画出图来（图见下节图38），就是上面所举"偃矩"测量图的双重，这就是重差术。

《周髀算经》里讲到计算人和太阳的距离时，先要求出人到日下地的距离是60000里，太阳离地的高是80000里，然后应用勾股定理得所求的数是100000里。前面两个数的来源也是由重差术求得的。陈子在周城立8尺高的竿，在某一天正午测得竿影的长是6尺（据《周髀算经》所载，夏至中午影长16寸，冬至中午影长135寸，影长随时令而不同），又在北方相距2000里的地方立同样高的竿，测得影长是6尺2寸，于是可仿上法算得周城到日下地的距离是

$$\frac{2000 \times 60}{62 - 60} 里 = 60000 里$$

太阳离地的高是

$$\frac{2000 \times 80}{62 - 60} 里 = 80000 里$$

陈子的这个方法，是把地面看作平面来计算的，因而是不合实际的。但用这种方法测量地面上近距离目的物的高和远，那是完全正确合理的。因为这种方法要"重"复测两次，而且要利用两个数的"差"做比例的一项，所以叫作"重差"。

三国时，地理学家裴秀（223-271）曾经组织人力进行地图绘制工作。他们做这项工作时，明确规定了地图需要具备比例、方位、距离、高低等重要地理概念，并获得了良好的成果。要按照这些规定绘成比较精确的地图，无疑必须通过许多人的辛勤劳动，来对地上物进行测量。在劳动实践中，必然会使原有简单测量术和重差术的应用得到推广，创造出一些新的成就。刘徽所著的《海岛算经》里记载了九

个重差术问题，这些问题可能就是总结了地理测量中得到的经验写成的。这本书的第一个题目和陈子测日相类似，只是把太阳换作海岛，而把人伏在地上看到竿顶和岛顶相合时量得的人眼和竿足的距离，来代替影长。

《海岛算经》中的九个重差问题，除了刘徽所说的"度高者重表，测深者累矩"，都要重复做两次观测以外，还有："孤离者三望"要测三次，"孤离而又旁求者四望"要测四次。这些问题的测算方法虽然很多变化，但是它们所根据的原理却是一样的，就是说它们都是由相似三角形中的比例线段得出来的。

我们在下面两节中把这九个问题依次做出介绍。

二

刘徽重差术的第一题"测望海岛"，实际就是《周髀算经》里陈子测量太阳的问题，现在译述原题，并且画出图形，用相似三角形的比例定理列出计算的公式于下。

【题一】有人望海岛（AB），立二表（CD和EF）都高3丈，前后相距（DF）1000步，使后表和前表的上、下两端各在同一水平线上。从前表退行（DG）123步，人伏地上（G），望岛峰（A）恰和表顶（C）相合。从后表退行（FH）127步，人伏地上（H），再望岛峰，也和表顶（E）相合。问：岛的高（AB）和远（BD）各多少？答：高4里55步，远102里150步。[1]

因为CD=EF，所以过C、F而交AB于K的直线一定和BH平行。再作EL//CG，那么

$$\triangle CDG \cong EFL$$

所以　　　　　　$DG=FL$　　$LH=FH-FL=FH-DG$

1.古法1里=300步，1步=6尺。

又因　　　　　　△AKC∽△EFL, △ACE∽△ELH,

所以　　　　　　AC：EL=AK：EF　AC：EL=CE：LH

于是　　　　　　AK：EF=CE：LH

就是　　　　　　AK：CD=DF：（FH−DG）

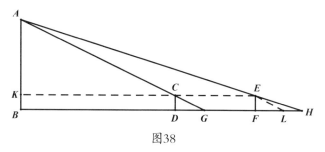

图38

∴　　　　　$$AK = \frac{DF \times CD}{FH - DG} \cdots\cdots\cdots\cdots\cdots (1)$$

又仿上法，可得　　$AC : EL = KC : FL$

所以　　　　　　$KC : FL = CE : LH$

就是　　　　　　$BD : DG = DF : (FH - DG)$

∴　　　　　$$BD = \frac{DF \times DG}{FH - DG} \cdots\cdots\cdots\cdots\cdots (2)$$

用已知数代入（1），再加KB（等于CD），就得海岛的高；代入（2），就得海岛的远。

上题如果用近世三角学来解，先由

$$\cot(AEK) = \frac{EK}{AK}, \quad \cot(ACK) = \frac{CK}{AK}$$

二式相减，得

$$\cot(AEK) - \cot(ACK) = \frac{EK - CK}{AK} = \frac{CE}{AK}$$

$$\therefore \qquad AK = \frac{CE}{\cot(AEK) - \cot(ACK)} \cdots\cdots\cdots\cdots(a)$$

又因 $\qquad\qquad BD = CK = AK \times \cot(ACK)$

$$\therefore \qquad BD = \frac{CE \times \cot(ACK)}{\cot(AEK) - \cot(ACK)} \cdots\cdots\cdots\cdots(b)$$

如果测得CE的长，∠AEK、∠ACK的度数，就可以代入公式(a)(b)，利用三角函数表求得AK和BD的值。

我们再把重差术的(1)(2)两个公式化一下，得

$$AK = \frac{DF \times CD}{FH - DG} = \frac{DF}{\dfrac{FH}{CD} - \dfrac{DG}{CD}} = \frac{CE}{\dfrac{FH}{EF} - \dfrac{DG}{CD}}$$

$$= \frac{CE}{\cot(EHF) - \cot(CGD)} = \frac{CE}{\cot(AEK) - \cot(ACK)}$$

$$BD = \frac{DF \times DG}{FH - DG} = \frac{DF \times \dfrac{DG}{CD}}{\dfrac{FH}{CD} - \dfrac{DG}{CD}} = \frac{CE \times \dfrac{DG}{CD}}{\dfrac{FH}{EF} - \dfrac{DG}{CD}}$$

$$= \frac{CE \times \cot(CGD)}{\cot(EHF) - \cot(CGD)} = \frac{CE \times \cot(ACK)}{\cot(AEK) - \cot(ACK)}$$

这正好就是三角学里的(a)(b)两个公式。

看来中国古代的重差术和近世三角测量实际上差不多，不同的只是：三角测量测出两个仰角的度数，利用它们的余

切函数值来计算；而重差术直接量出两个直角三角形的勾和股，实际在计算中无疑是用了股和勾的比值（就是仰角的余切函数值）。至于在重差术里求到 AK 的值以后，必须加上竿高才得岛高，这和在三角测量中应该把测量仪器的高加进去一样。

三

　　在《海岛算经》里的另外八个重差题,除了一题仍用标杆,两题是用绳索外,其余都是用矩来进行测量的。用矩测量时,通常都使它的一个分支直立,另一分支横卧,前者叫勾,后者叫股,同时用两个矩,它们的勾高总是相等的。

　　【题二】有人望山(LB)顶上的一棵松(AL),立两表(CD和EF)都高2丈,前后相距(DF)50步,使后表和前表恰相平。从前表退行(DG)7步4尺,伏地(G)遥望松顶(A),和表顶(C)相合,又望松根(L),合于表上距顶2尺8寸的一点(K)。再从后表退行(FH)8步5尺,伏地(H)望见松顶也和表顶(E)相合。

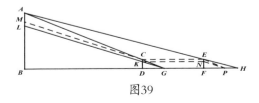

图39

问: 松高 (AL) 和山远 (BD) 各多少? 答: 松高12丈2尺8寸, 山远1里$28\frac{4}{7}$步。

作 $KN//CE, MC//LK, EP//CG$

由 $\triangle EPN \backsim \triangle AMC, \triangle ACE \backsim \triangle EPH$

可得 $AM : EN = CE : PH$

就是 $AM : CK = DF : (FH - DG)$

∴ $AM = \dfrac{CK \times DF}{FH - DG}$ ·················(1)

以已知数代入 (1), 再加ML (等于CK), 就得松高; 代入题一的 (2), 就得山远。

【题三】有人望正南的方城 (ABDC), 立两表 (E处和F处) 东西相距6丈, 齐人眼用索连结, 使东表 (E处) 和城的东南角 (B)、东北角 (A) 在一直线上。从东表向北行5步 (至G), 遥望城的西北角 (C) 合于索上距东表2丈2尺6寸5分处 (H)。又从东表北行13步2尺 (至K), 望西北角恰和西表相合。问: 方城每边的长 (AC) 和城距表 (AE) 各多少? 答: 每边3里$43\frac{3}{4}$步, 距表4里45步。

作 $HL//CK, MN//KA$

由 $\triangle EKF \backsim \triangle ELH$

得 $EL = \dfrac{EK \times EH}{EF}$ ·················(1)

又由 $\triangle GKC \backsim \triangle GLH$

$\triangle GCA \backsim \triangle GHE$

图40

得 $KG : LG = AC : EH$,

就是 $KG : (EL-EG) = AC : EH$

$\therefore$ $AC = \dfrac{KG \times EH}{EL - EG}$ ·········· (2)

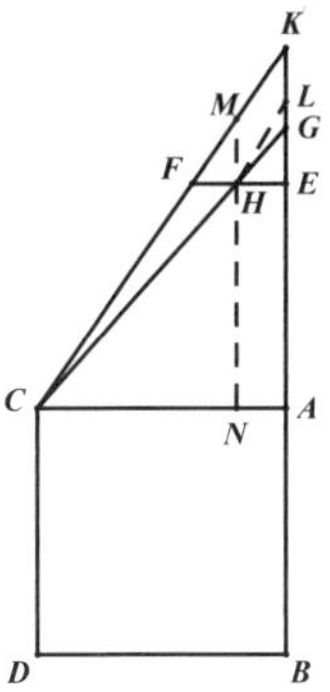

又由

$\triangle CHM \backsim \triangle HGL$, $\triangle CNH \backsim \triangle HEG$

得 $HM : LG = NH : EG$

就是 $(EK-EL) : (EL-EG) = AE : EG$

$\therefore$ $AE = \dfrac{(EK - EL) \times EG}{EL - EG}$ ····················· (3)

先由 (1) 求得 EL，再由 (2)(3) 得所求的二数。

【题四】有人望深谷 (L)，置矩于岸 (A)，勾高 (GA 和 BE) 6尺，从勾端 (G) 望谷底 (L) 合于股上9尺1寸处 (H)。又置一矩于上方，和下矩相距 (EA) 3丈，再从勾端 (B) 望谷底合于股上8尺5寸处 (C)。问：谷深 (AK) 多少？答：谷深41丈9尺。

作 $CP // BK$

那么 $GQ // BL$,

所以 $GK : BG = QK : LQ$

又由 $\triangle GLQ \backsim \triangle GHP$

                   $\triangle GQK \backsim \triangle GPA$

得 $QK \colon LQ = PA \colon HP$

所以 $GK \colon BG = PA \colon HP = CE \colon$

$(HA - CE)$

$$\therefore\ GK = \frac{BG \times CE}{HA - CE} \cdots\cdots(1)$$

由(1)求得 GK 后，减去 GA，就得所求的数。

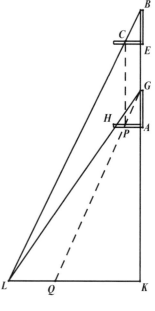

图41

【题五】有人登山望楼（AB），楼在平地，置矩山上（D），使勾高（CD 和 FG）6尺。从勾端（C）望楼足（B），合于股上1丈2尺处（E）。又置一矩于上方，和下矩相距（GD）3丈，再从勾端（F）望楼足合于股上1丈1尺4寸处（H）。又立小表于所合的一点（H），再从勾端望楼顶（A），合于小表上8寸高处（K）。问：楼高（AB）多少？答：8丈。

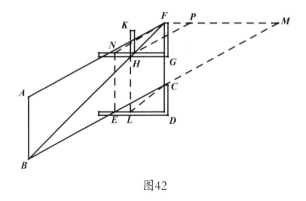

图42

　　延长BC, 交过F的水平线于M, 作$HP // BM$, $EN // DF$, 再延长KH至L, 由

$$\triangle FCM \backsim \triangle DCE$$

得
$$FM = \frac{FC \times ED}{CD} \quad\cdots\cdots\cdots\cdots\cdots\cdots\cdots (1)$$

又由　　　$\triangle ABF \backsim \triangle KHF$　　$\triangle FHP \backsim \triangle FBM$

得 $AB : HK = FM : FP$, 就是 $AB : HK = FM : (ED - HG)$

$$\therefore \qquad AB = \frac{HK \times FM}{ED - HG} \quad\cdots\cdots\cdots\cdots\cdots\cdots\cdots (2)$$

　　先由(1)求FM, 再由(2)可得所求的数。

　　【题六】有人望东南方的港口(GH), 立两表南北相距(BA)9丈, 以绳索靠地连结。从北表(A)向西行(至K)6丈, 伏地望港口南岸(H)合于绳索上距北表4丈2寸处(F)。望北岸(G)合于绳索上距前合的点1丈2尺处(E)。又从北表向西行(至C)13丈5尺, 伏地望见港口南岸和南表(B)相合。

问: 港口阔(GH)多少? 答: 1里200步。

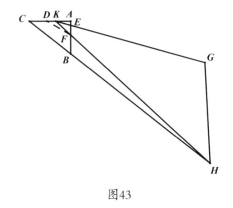

图43

作$FD/\!/CH$

由$\triangle ABC \backsim \triangle AFD$,

得 $AD = \dfrac{AF \times AC}{AB}$ ·····················(1)

又由$\triangle KCH \backsim \triangle KDF$ $\triangle KEF \backsim \triangle KGH$

得$KD: KC = EF: GH$

就是$(AD-AK): (AC-AK) = EF: GH$

$\therefore GH = \dfrac{(AC-AK) \times EF}{AD-AK}$ ·················(2)

【题七】有人望清渊, 渊底有白石。置矩岸上(D处), 使勾高(CD或GH)3尺, 从勾端(G)斜望水岸(A)合于股上4尺5寸处(E); 望白石(B)合于股上2尺4寸处(F)。又置一矩于上方, 和下矩相距(HD)4尺, 再从勾端(G)斜望水岸合于股上4尺处（K）；望白石合于股上2尺2寸处（L）。问：水深（AB）多少？答：1丈2尺[1]。

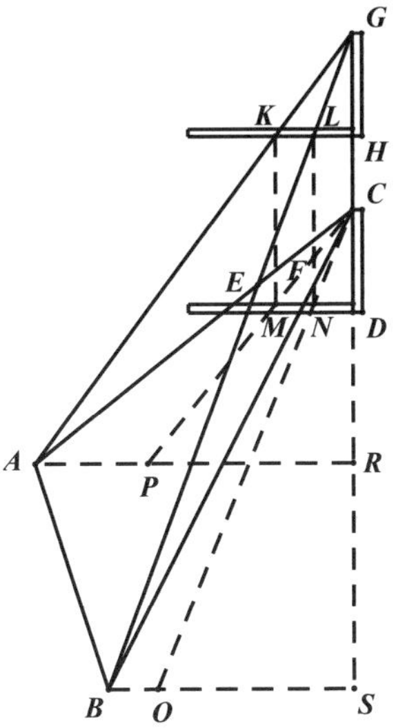

延长GD，交过A、B的水平线于R、S，作KM、LN平行于GD，连CM，延长交AR于P，连CN，延长交BS于Q，得

$$CP /\!/ GA$$

$$RC : CG = RP : PA$$

但是 $$RP : PA = DM : ME$$

所以 $$RC : CG = HK : (DE - HK)$$

所以 $$RC = \frac{CG \times HK}{DE - HK}$$

同理 $$SC = \frac{CG \times HL}{DF - HL}$$

二式相减，得 $$SC - RC = \frac{CG \times HL}{DF - HL} - \frac{CG \times HK}{DE - HK}$$

图44

1.本题就物理学的观点来看，由于光线从水中进入空气中要发生折射现象，人眼所见水底物体的深度，较实际深度为小，所以上面所得的答案是不精确的。

就是 $RS = \dfrac{(DE-HK)\times HL-(DF-HL)\times HK}{(DF-HL)(DE-HK)}\times CG\cdots\cdots(1)$[1]

【题八】有人登山望河，河在山南，置矩山上（E处），使勾高（DE或AB）1丈2尺，从勾端（D）斜望河南岸（H）合于股上2丈3尺1寸处（F）；望河北岸（K）合于股上距前合的点（F）1丈8寸处（G）。再向北退22步（至L），上升51步，到一

———

2.刘徽原有《九章重差图》一卷，和重差术正文一并附在《九章算术》的勾股一章后面，但是这一卷图很早就失传了。在清代李潢所著的《海岛算经细草图说》一书里，把这一整套的图都补了出来，并且利用相似形加以证明。这个清渊白石问题，在李潢的书里所画的图是把白石B画在水面一点A的直下方的，从而河深就可用AB线段来表示。但是，我们如果根据前面的两个式子来计算RC和SC，得

$$RC = \frac{CG\times HK}{DE-HK} = \frac{40\times40}{45-40} = 320$$

$$SC = \frac{CG\times HL}{DF-HL} = \frac{40\times22}{24-22} = 440$$

又因　　$AR:DE=RC:DC,\quad BS:DF=SC:DC$

所以

$$AR = \frac{DE\times RC}{DC} = \frac{45\times320}{30} = 480$$

$$BS = \frac{DF\times SC}{DC} = \frac{24\times440}{30} = 352$$

于是知AR和BS不相等，因而AB和水平线并不垂直，我们不能把它看作河深。

关于这一点，以前没有人指出过。在《数学通讯》1957年10月号梁绍鸿的"对海岛算经第七题的另一种看法"里，转述了程廷熙的正确见解，才对此做了重要的更正。程廷熙还指出：A、B两个点和包含两矩的勾的一条直线如果不在同一个平面内，这个测量也是可以进行的，只要把矩绕着勾做适当的旋转就成。

高岩（B），另置一矩，更从勾端（A）斜望河南岸合于股上2丈2尺处（C）。问：河阔多少？答：2里102步。

延长ED，交AH于N，作$NM//FL$，又作FP、DQ、ER都平行于HA。

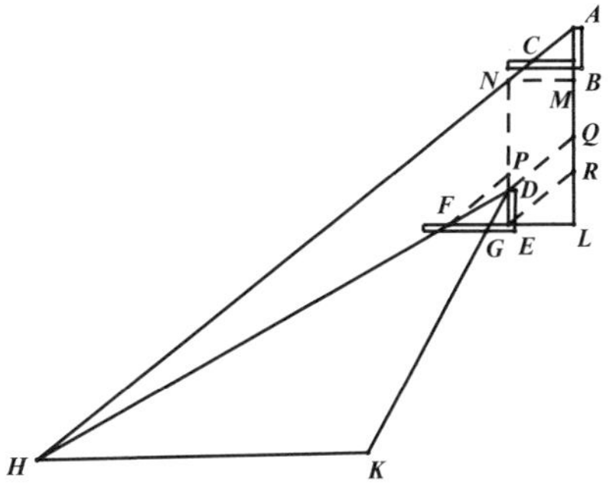

由　△ABC∽△AMN

得　$AM = \dfrac{AB \times EL}{BC} \cdots\cdots (1)$

又由　　△EPF∽△BAC

得　$EP = \dfrac{AB \times EF}{BC} \cdots\cdots (2)$

又由　　△DPF∽△DHN

　　　　△DFG∽△DHK

图45

得　　　$DN : DP = HK : FG$

就是　　$(LB - AM) : (EP - DE) = HK : FG$

∴　$HK = \dfrac{(LB - AM) \times FG}{EP - DE} \cdots\cdots\cdots\cdots\cdots\cdots (3)$

【题九】有人登山望一长方城，城在山南，置矩山上（A），使勾高（DA或GE）3尺5寸，勾端（D）和城东南角（P）、东北角（M）在同一竖直面内。从勾端遥望东北角合于股上1丈2尺处（B），又立横勾于所合的一点（B），从立勾端（D）望西北角（N）合于横勾上5尺处（H）；望东南角合于股上1丈8尺处（C）。又另置一矩于上方（E处），和下矩相距（EA）4丈，再从勾端（G）望东南角合于股上1丈7尺5寸处（F）。问：城的

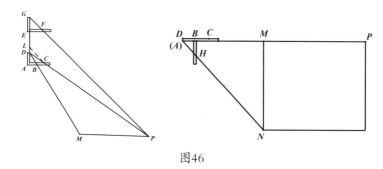

图46

长和阔各多少? 答: 南北长1里100步, 东西阔1里$33\frac{1}{3}$步。

作$CL/\!/GP$, 由$\triangle ACL \backsim \triangle EFG$,

得 $$AL = \frac{AC \times EG}{EF} \quad \cdots\cdots\cdots\cdots\cdots\cdots\cdots (1)$$

又由 $\triangle DBC \backsim \triangle DMP$ $\triangle DCL \backsim \triangle DPG$

得 $MP : BC = DG : DL$

就是 $MP : (AC - AB) = DG : (AL - AD)$

∴ $$MP = \frac{(AC - AB) \times DG}{AL - AD} \quad \cdots\cdots\cdots\cdots\cdots (2)$$

又由 $\triangle DMN \backsim \triangle DBH$

得 $MN : BH = DM : DB$

仿前法得 $DG : DL = DP : DC = DM : DB$

所以 $MN : BH = DG : DL$

就是 $MN : BH = DG : (AL - AD)$

∴ $$MN = \frac{BH \times DG}{AL - AD} \quad \cdots\cdots\cdots\cdots\cdots\cdots\cdots (3)$$

以上九个题目虽然都是古老的问题, 但是我们也可以用现今的新的形式把它们表现出来。现在以第八题为例,仿照上节"测望海岛"的题目,来把古老的重差术公式化成新式的三角测量公式。至于其他七个问题,也都可以化成相应的三角测量公式,这些读者可以自己去研究。

先把第八题的三步计算并成一步,就是把(1)(2)两个公式代入公式(3),化成一个整体,得

$$HK = \frac{\left(LB - \dfrac{AB \times EL}{BC}\right) \times FG}{\dfrac{AB \times EF}{BC} - DE}$$

再以 EF 除右边的分子、分母,得

$$HK = \frac{\left(LB - \dfrac{AB \times EL}{BC}\right) \times \dfrac{FG}{EF}}{\dfrac{AB}{BC} - \dfrac{DE}{EF}}$$

$$= \frac{\left(LB - EL \times \dfrac{AB}{BC}\right)\left(1 - \dfrac{GE}{EF}\right)}{\dfrac{AB}{BC} - \dfrac{DE}{EF}}$$

$$= \frac{\left(LB - EL \times \dfrac{AB}{BC}\right)\left(1 - \dfrac{GE}{DE} \times \dfrac{DE}{EF}\right)}{\dfrac{AB}{BC} - \dfrac{DE}{EF}}$$

就是

$$HK = \frac{[LB - EL \times \cot(BAC)][1 - \tan(EDG)\cot(EDF)]}{\cot(BAC) - \cot(EDF)}$$

有了这个公式,我们就可以不去直接量出四条线段 EF、FG、AB 和 BC 的长(因为其中有些线段不易量得精确数

值），而去测出三个角*EDF*、*EDG*和*BAC*的度数，代入上式计算，就可得到比较精确的结果。

四

重差术起源于《周髀算经》，后来经过刘徽推阐而内容大为完备，我们由上面的各节已经可以了解。据《隋书》和新、旧《唐书》所载，知道刘徽还撰有《九章重差图》一卷，可惜已经失传了。刘徽以后，继续研究的人很少，直到宋、元间的算书里才重见这一类的问题。

宋代杨辉《续古摘奇算法》（1275）中载刘徽海岛问题，并且说到以前的人从未举示解法的原理，书中特附刊图形一幅，利

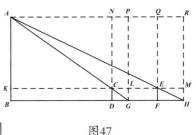

图47

用矩形面积来加以证明。杨辉的证明是很简捷的，只要依照图47作补助线，就可以由两组等积矩形 $EMRQ=BFEK$，$CLPN=BDCK$ 相减而得矩形 $EMRQ-CLPN=DFEC$，就是 $FH \times AK - DG \times AK = DF \times CD$。

由此可以立即化得海岛问题的公式(1)。

宋代秦九韶《数书九章》(1247)卷七、卷八是"测望类"的问题，其中的部分题目也是重差术的应用，元代朱世杰的《四元玉鉴》(1303)中"勾股测望"门的后五题，和《海岛算经》的第一到第四题以及第七题完全类似。从这些书来看，其中大多数是只就《海岛算经》原题做了介绍，很少予以阐发。

《海岛算经》这部书一度绝少流传，到清代乾隆年间，戴震修《四库全书》，才从《永乐大典》中辑出一卷，重新刊印出来，其中附有唐李淳风的注释。后来李潢撰写《海岛算经细草图说》(1811前)，利用相似形中的比例线段，绘图加以证明，于是人们才知道重差术的原理实际是和西洋的三角测量相同的。

洞渊的勾股测圆术

　　《九章算术》勾股章所载的问题,除了上面两篇所提到的以外,还有"勾股容方"和"勾股容圆"两个题目。这是在直角三角形中作内接正方形或内切圆,已知勾、股二数而求正方形的边长或圆的直径的问题。它们的解法,可以按照图48和图49用公式表示如下:

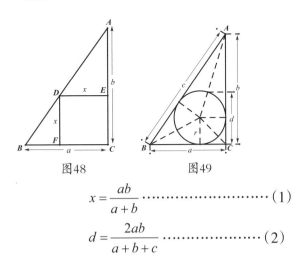

图48　　　　　图49

$$x = \frac{ab}{a+b} \cdots\cdots\cdots\cdots\cdots\cdots (1)$$

$$d = \frac{2ab}{a+b+c} \cdots\cdots\cdots\cdots\cdots (2)$$

根据刘徽的注，知道以上两式都可以利用面积来证明。

（1）的证明是：因为直角三角形ABC被DE、DF分割成三块，取同样的两组，拼成一个大矩形，如图

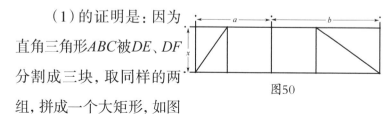

图50

50，面积是ab（因为每一组的面积是$\frac{1}{2}ab$），长是$(a+b)$，阔是x，所以得$(a+b)x=ab$，化一下就成。

（2）的证明是：从圆心到三个切点和三个顶点所

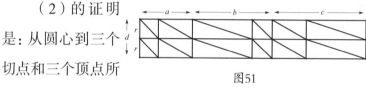

图51

作的六条直线，把这个直角三角形分割成六块。取同样的四组，拼成一个大矩形，如图51，面积是2ab，长是$(a+b+c)$，阔是d，所以得$(a+b+c)d=2ab$，化一下就成。

又刘徽的注还说：勾股容圆问题的圆径d也可以等于$(a+b-c)$，或等于$\sqrt{2(c-a)(c-b)}$，但未加证明。

在宋末、元初的时期，河北栾城的李冶（1192-1279）把这个勾股容圆的问题做了深入的研究，编写了一部数学名著《测圆海镜》共12卷（1248）。据史料和李冶在《测圆海镜》中的序文，知道他中年后曾迁居在山西崞山的桐川，得

到了洞渊"九容"的算法[1]，就细加推衍，写成了这一部著作。该书共载勾股形的各种切圆问题一百七十个，都以测望圆城做题。卷一开首列如图52的"圆城图式"一幅，其中有十五个直角三角形合切于一圆，或内切，或傍切，或切二边，或切一边，有很多变化。全部问题有如下的一个总纲：

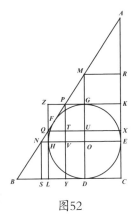

图52

　　假令有圆城一所，不知周径，四面开门，门外纵横各有十字大道，其西北十字道头定为干地（C），其东北十字道头定为艮地（L），其东南十字道头定为巽地（Z），其西南十字道头定为坤地（K）。所有测望杂法，一一设问于后。

　　现在抄录和《九章算术》"勾股容圆"相类似的一题如下，借此窥见问题形式的一斑：

　　或问甲乙二人俱在干地，乙东行三百二十步（CB）而立，甲南行六百步（CA）望见乙。问：城径几何？答：二百四十步。

　　现在先把原书所定各直角三角形的名称和所设的数列成一表，并附以新的记号如下：

1.洞渊是人名还是书名，不能断定。在清代吴诚所著的《海镜一隅》中，曾说"李栾城得九容之术于洞渊老人，因成《测圆海镜》"，这是把洞渊假定做人名的。

旧名	新号	勾	股	弦
通形	$\triangle ABC=\triangle$	$a=320$	$b=600$	$c=680$
皇极形	$\triangle MNO=\triangle_1$	$a_1=136$	$b_1=255$	$c_1=289$
太虚形	$\triangle QPZ=A_2$	$a_2=48$	$b_2=90$	$c_2=102$
亘形	$\triangle QNH=\triangle_3$	$a_3=16$	$b_3=30$	$c_3=34$
明形	$\triangle MPG=\triangle_4$	$a_4=72$	$b_4=135$	$c_4=153$
下平形	$\triangle NBS=\triangle_5$	$a_5=64$	$b_5=120$	$c_5=136$
上平形	$\triangle PNV=\triangle_5$	$a_5=64$	$b_5=120$	$c_5=136$
上高形	$\triangle AMR=\triangle_6$	$a_6=120$	$b_6=225$	$c_6=255$
下高形	$\triangle MQU=\triangle_6$	$a_6=120$	$b_6=225$	$c_6=255$
小差形	$\triangle QBL=\triangle_7$	$a_7=80$	$b_7=150$	$c_7=170$
大差形	$\triangle APK=\triangle_8$	$a_8=192$	$b_8=360$	$c_8=408$
黄长形	$\triangle PBY=\triangle_9$	$a_9=128$	$b_9=240$	$c_9=272$
黄广形	$\triangle AQX=\triangle_{10}$	$a_{10}=240$	$b_{10}=450$	$c_{10}=510$
底形	$\triangle MBD=\triangle_{11}$	$a_{11}=200$	$b_{11}=375$	$c_{11}=425$
边形	$\triangle ANE=\triangle_{12}$	$a_{12}=256$	$b_{12}=480$	$c_{12}=544$

表中的上平、下平二形全等，所以同以$\triangle_5$表示，上高、下高也是一样。又原书各题都是已知上表所列各数或者它们的和差共二数或三数，而求圆城的直径（d），答数是$d=240$。

《测圆海镜》卷一列"识别杂记"七十九节，其中所记的，都是上表所列诸数间的和差或等积关系，细加分析，可得几何定理五百多条，真是巧妙极了。在该书卷二的"正率"十四题中，开首的十个题目都有"××容圆"的专名，算法也比较简单，而其中的第一题就是《九章算术》的"勾股容圆"问题。在这十个容圆问题中，第五题叫作"弦上容圆"，其中和圆有相切关系的勾股形的弦通过圆心，但在卷一所列圆城图式里并无这一条通过圆心的直线，并且用数也和一般不同。清代李善兰认为"勾股容圆"是古法，洞渊的"九容"原术应是后面的九个题目；但刘岳云认为"弦上容圆"有上述的特殊情况，洞渊"九容"应是除掉"弦上容圆"以外的九个题目。现在依照刘岳云的说法，把"弦上容圆"题留到后面再提，而以其他九题作为九容问题，把它们的解法译成公式，连同原名和切圆的三角形列表如下：

种数	名称	切圆的三角形	原术
（1）	勾股容圆	$\triangle ABC = \triangle$	$d = 2ab \div (a+b+c)$
（2）	勾上容圆	$\triangle ANE = \triangle_{12}$	$d = 2a_{12}b_{12} \div (c_{12}+b_{12})$
（3）	股上容圆	$\triangle MBD = \triangle_{11}$	$d = 2a_{11}b_{11} \div (c_{11}+a_{11})$
（4）	勾股上容圆	$\triangle MNO = \triangle_1$	$d = 2a_1b_1 \div c_1$
（5）	勾外容圆	$\triangle APK = \triangle_8$	$d = 2a_8b_8 \div (c_8+b_8-a_8)$
（6）	股外容圆	$\triangle QBL = \triangle_7$	$d = 2a_7b_7 \div (c_7-b_7+a_7)$
（7）	弦外容圆	$\triangle QPZ = \triangle_2$	$d = 2a_2b_2 \div (a_2+b_2-c_2)$
（8）	勾外容圆半	$\triangle MPG = \triangle_4$	$d = 2a_4b_4 \div (c_4-a_4)$
（9）	股外容圆半	$\triangle QNH = \triangle_3$	$d = 2a_3b_3 \div (c_3-b_3)$

现传《测圆海镜》书中有后人所加的"按语"，曾述及（5）（6）（7）三种切圆问题，可另用简法 $d = c_8+b_8+a_8$, $d = c_7+b_7-a_7$, $d = a_2+b_2+c_2$

又说原书并不是不知道有简法，是为了要兼示 $2a_nb_n = (c_n+b_n-a_n)(c_n-b_n+a_n) = (a_n+b_n+c_n)(a_n+b_n-c_n)$。这个见解

很对，因为这几个公式在识别杂记里面都是有的。查清代李锐在这本书里所加的按语，都有"锐案"二字，但上述的只有一"案"字，究竟是何人所加，无从知道了。

上举九容术的公式，原书没有证明，后来有清代的吴诚著《海镜一隅》一书，说明各式都可以由相似三角形的定理证明出来。吴诚曾怀疑李冶由洞渊学到九容的算法，"当日授受之妙，恐不尽于此"，于是把每一切圆问题推阐而得十种解法（但第4种"勾股上容圆"只有三法），这样一来，九容术的宝藏，才被全部发掘出来了。

二

要根据吴诚的话证九容原术，必须先知道下举的许多记号和基本关系：

如图53，用前节所定的新记号表示各直角三角形的边，但图中因求清楚，每形只注一边，其余二边自然可以明白。

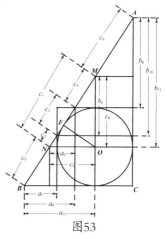

图53

作半径OF，以r表示，从图可见$a_6=b_5=OF=r$

所以　　　　　　$\triangle ONF \cong \triangle_5$

　　　　　　　$\triangle MOF \cong \triangle_6$

于是得相似直角三角形连前表所列的共计十七个（其中三个全等的都用$\triangle_5$表示，另外三个全等的都用$\triangle_6$表示），由相似三角形对应边成比例的定理，可得许多比例式。再根据合比和分比等定理, 知道任何对应边的对应和差都成比例。又由切线相等的定理, 知道除外切正方形边上的八线段各等于 r 外, 另有相等的切线四对, 就是

$$a_{11}=c_5+a_5 \qquad b_{12}=c_6+b_6$$

$$r-b \text{（即} b_3 \text{）}=c_6-b_6 \qquad r-a_2 \text{（即} a_4 \text{）}=c_5-a_5$$

有了这许多基本关系, 要证九容术的公式就很便利了。

由 $\triangle \backsim \triangle_5$, 得 $\qquad (a+b+c):2b=(a_5+b_5+c_5):2b_5$

但是 $\qquad a_5+b_5+c_5=(a_5+c_5)+b_5=a_{11}+r=a, \ 2b_5=d$

所以 $\qquad (a+b+c):2b=a:d$

就是 $\qquad d=\dfrac{2ab}{a+b+c} \quad \dots\dots\dots\dots\dots\dots(1)$

这个公式是《测圆海镜》解勾股容圆的原术, 至于吴诚发明的其他九术, 这里不细说了。

由 $\triangle_{12} \backsim \triangle_6$, 得 $\qquad (c_{12}+b_{12}):2a_{12}=(c_6+b_6):2a_6$

但是 $\qquad c_6+b_6=b_{12} \qquad 2a_6=d$

所以 $\qquad (c_{12}+b_{12}):2a_{12}=b_{12}:d$

就是 $\qquad d=\dfrac{2a_{12}b_{12}}{c_{12}+b_{12}} \quad \dots\dots\dots\dots\dots\dots(2)$

这个公式是《测圆海镜》解勾上容圆问题的原术, 吴诚的其他九术由读者自己去研究, 这里不再一一记叙。

仿上举（2）式的证明, 把 a_{12} 换作 b_{11}, b_{12} 换作 a_{11}, c_{12} 换

作 c_{11}，又把 a_6、b_6、c_6 顺次换作 b_5、a_5、c_5，就得

$$d = \frac{2a_{11}b_{11}}{c_{11} + a_{11}} \cdots\cdots\cdots\cdots\cdots\cdots\cdots (3)$$

由 $\triangle_1 \backsim \triangle_6$，得　　　$c_1 : 2a_1 = c_6 : 2a_6$

但是　　　　　　　$c_6 = b_1 \quad 2a_6 = d$

所以　　　　　　　$c_1 : 2a_1 = b_1 : d$

就是　　　$d = \dfrac{2a_1b_1}{c_1} \cdots\cdots\cdots\cdots\cdots\cdots (4)$

由　　$\triangle_8 \backsim \triangle_6$，得 $(c_8 + b_8 - a_8) : 2a_8 = (c_6 + b_6 - a_6) : 2a_6$

但是　　　$c_6 + b_6 - a_6 = b_{12} - r = b_8$，$2a_6 = d$

所以　　　　$(c_8 + b_8 - a_8) : 2a_8 = b_8 : d$

就是　　　$d = \dfrac{2a_8b_8}{c_8 + b_8 - a_8} \cdots\cdots\cdots\cdots\cdots (5)$

仿上法，由 $\triangle_7 \backsim \triangle_5$，可证

$$d = \frac{2a_7b_7}{c_7 - b_7 + a_7} \cdots\cdots\cdots\cdots\cdots\cdots (6)$$

由　　$\triangle_2 \backsim \triangle_6$，得　　$(a_2 + b_2 - c_2) : 2a_2 = (a_6 + b_6 - c_6) : 2a_6$

但是　　　$a_6 + b_6 - c_6 = a_6 - (c_6 - b_6) = r - (r - b_2) = b_2$，$2a_6 = d$

所以　　　　　　$(a_2 + b_2 - c_2) : 2a_2 = b_2 : d$

就是　　　$d = \dfrac{2a_2b_2}{a_2 + b_2 - c_2} \cdots\cdots\cdots\cdots\cdots (7)$

由　　$\triangle_4 \backsim \triangle_{10}$，得　　$(c_4 - a_4) : a_4 = (c_{10} - a_{10}) : a_{10}$

但是　　$c_{10} - a_{10} = 2c_6 - 2r = 2(c_6 - r) = 2b_4$，$a_{10} = d$

所以　　　　　　$(c_4 - a_4) : a_4 = 2b_4 : d$

就是　　　　$d = \dfrac{2a_4 b_4}{c_4 - a_4}$ ....（8）

仿上法，由 $\triangle_3 \backsim \triangle_9$，可证

$$d = \dfrac{2a_3 b_3}{c_3 - b_3}$$ ....（9）

三

　　《测圆海镜》卷二第五题，即"弦上容圆"题，需过圆心作一直线，和勾、股相交，在原书的圆城图式中没有这一条线。又该题所设勾、股二数的比是1∶2，而书中所有其他问题所设勾、股二数的比都等于8∶15，所以这个勾股形和其他各形不相似，从而它的弦（即通过圆心的直线）和其他各形的弦不平行。但因公式的证明和所设数字无关，只要利用相似三角形就成，所以这里画出它的图形，把这条线画成其他各形的弦的平行线。如图54，我们添画了一条直线*IJ*，原应增加*IJC*、*IWK*、*IOE*和*OJD*四个直角三角形，但因△*IOE*和前述的上、下两个"高形"一样，以圆的半径做勾，△*OJD*和上、下两个"平形"一样，以圆的半径做股，由这些

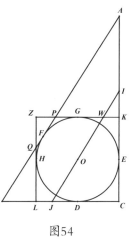

图54

三角形的勾和股来求圆的直径, 问题过于简单, 所以我们不把它们作为容圆的直角三角形来讨论。因此, 这里新增的直角三角形只取 IJC 和 IWK 两个, 它们在原书里都没有名称, 并且较小的一个没有讨论到。现在分别给它们拟定一个名称和新的记号, 连同各边的数值(按勾、股的比是8∶15设数)列表于下, 所求直径的数仍是240。

名称	记号	勾	股	弦
新大形	$\triangle IJC = \triangle_{13}$	$a_{13} = 184$	$b_{13} = 345$	$c_{13} = 391$
新小形	$\triangle IWK = \triangle_{14}$	$a_{14} = 56$	$b_{14} = 105$	$c_{14} = 119$

再把切圆的名称、三角形和它的解法列成下表;

种数	名称	切圆的三角形	解法
(10)	弦上容圆	$\triangle IJC = \triangle_{13}$	$d = 2a_{13}b_{13} \div (b_{13} + a_{13})$
(11)	弦外容圆半	$\triangle IWK = \triangle_{14}$	$d = 2a_{14}b_{14} \div (b_{14} - a_{14})$

从上表连前共十一种切圆问题的公式, 总的来看, 它们的被除数都是勾、股相乘积的二倍, 除数除了(4)只是单独的弦以外, 其余都是勾、股、弦中的二数或三数的和差。因为以单独的勾或股做除数时, 所得的式子是 $d = 2b$ 或 $d = 2a$, 就是 $\triangle_5$ 或 $\triangle_6$ 的切圆公式, 这样过于简单, 没有什么意义, 所以我们认为这十一种切圆问题, 变化已经备了。

下面再把两个新的公式证明一下：

如图55，因　　　　　$\triangle IOE \cong \triangle_6$

所以　　　　　　　$IE = B_6$

于是由　　　　　　$\triangle_{18} \backsim \triangle_6$

得　　$(b_{13}+a_{13}) : 2a_{13} = (b_6+a_6) : 2a_6$

但是　　　　　$b_6+a_6 = b_6+r = b_{13}$

　　　　　　　　$2a_6 = d$

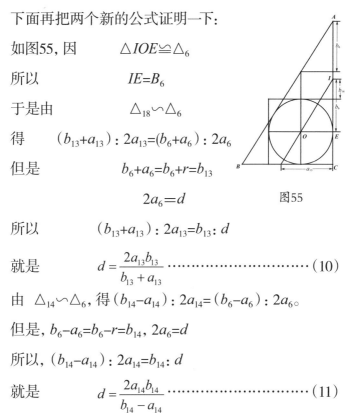

图55

所以　　　　$(b_{13}+a_{13}) : 2a_{13} = b_{13} : d$

就是　　　　$d = \dfrac{2a_{13}b_{13}}{b_{13}+a_{13}}$ ……………………（10）

由　$\triangle_{14} \backsim \triangle_6$，得$(b_{14}-a_{14}) : 2a_{14} = (b_6-a_6) : 2a_6$。

但是，$b_6-a_6 = b_6-r = b_{14}$，$2a_6 = d$

所以，$(b_{14}-a_{14}) : 2a_{14} = b_{14} : d$

就是　　　　$d = \dfrac{2a_{14}b_{14}}{b_{14}-a_{14}}$ ……………………（11）

上举二术的弦上容圆，经吴诚推阐，共得三法；弦外容圆半经作者研究，也得三法，除已举一法外，其余各二法请读者自己去研究。

四

　　李冶的《测圆海镜》共一百七十题，除上述的十题外，还有一百六十个切圆杂题，几乎全都是用"天元术"解的。所谓天元术，就是解应用问题时列任何次方程的方法；方程列成后，还要利用"正负开方术"解出来。这些方法在《中国代数故事》里讨论，现在只把列式所根据的图形性质略微叙述一下。

　　原书"识别杂记"所列的定理五百多条，就是解容圆杂题所根据的重要性质。现在限于篇幅，只能略举一小部分，给读者参考，以做研究的借鉴。

　　（A）各线间的和差关系

定理：

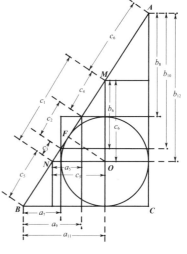

图56

同前, 由全等三角形和切线相等定理, 得

$$c = \left(c_5 + a_5\right) + \left(c_6 + b_6\right) = a_{11} + b_{12}$$

$$=(a - r) + (b - r) = a + b - d,$$

所以　　$d = a + b - c$ ···················· $(A1)$

又因　　$a_2 + b_2 = \left(r - a_4\right) + \left(r - b_3\right)$

$$= d - \left(a_4 + b_3\right)$$

$$= d - c_2$$

所以　　$d = a_2 + b_2 + c_2$ ·················· $(A2)$

又因　　$a_7 = a_{11} - r = \left(c_7 + b_3\right) - r$

$$= c_7 + \left(b_7 - r\right) - r$$

$$= c_7 + b_7 - d,$$

所以　　$d = c_7 + b_7 - a_7$ ················· $(A3)$

同理　　$d = c_8 - b_8 + a_8$ ················· $(A4)$

又因 $c - b = \left(c_6 + b_6 + a_5 + c_5\right) - \left(b_{12} + r\right) = a_5 + c_5 - r = a_{11} - r$

所以　　$c - b = a_7$ ······················· $(A5)$

同理　　$c - a = b_8$ ······················· $(A6)$

由 $(A1)$ $(A5)$ $(A6)$, 得　$a_7 + b_8 = c - (a + b - c) = c - d$

所以　　$d = c - a_7 - b_8$ ················· $(A7)$

又因　　$c_2 + a_2 = \left(b_3 + a_4\right) + a_2 = b_3 + r$,

所以　　$b_7 = c_2 + a_2$ ················· $(A8)$

同理　　$a_8 = c_2 + b_2$ ················· $(A9)$

$(A9) - (A8)$，得 $a_8 - b_7 = b_2 - a_2$ ················ $(A10)$

又因 $\qquad b - a = (b-r)-(a-r) = (b-d)-(a-d)$，

所以 $\qquad b - a = b_{12} - b_{11} = b_8 - a_7$ ·········· $(A11)$

又因 $\qquad b_1 - a_1 = \left(b_1 - r\right) - \left(a_1 - r\right) = c_6 - c_5$

$$= \left(c_8 - c_2\right) - \left(c_5 - c_2\right) = \left(c_6 + c_1\right) - \left(c_5 + c_1\right)$$

所以 $\qquad b_1 - a_1 = b_4 - a_3 = c_4 - c_3 = c_{12} - c_{11}$ ········ $(A12)$

又因 $\qquad a_7 + b_7 = a_7 + r + b_3 = a_{11} + b_3$

$$a_8 + b_8 = b_8 + r + a_4 = b_{12} + a_4$$

所以 $\qquad \left(a_7 + b_7\right) + \left(a_8 + b_8\right) = c + c_2$ ·············· $(A13)$

又因

$a_7 + b_7 = a_{11} + b_3 = c_7 + 2b_3 = c_7 + 2\left(r - b_2\right) = c_7 + d - 2b_2$

所以 $\qquad a_7 + b_7 - c_7 = d - 2b_2$ ····················· $(A14)$

同理 $\qquad a_8 + b_8 - c_8 = d - 2a_2$ ····················· $(A15)$

又因 $\qquad b_1 + a_1 = c_6 + c_5 = c_4 + c_2 + c_3 + c_2 = c_1 + c_2$

所以 $\qquad a_1 + b_1 - c_1 = c_2$ ························· $(A16)$

又因 $\qquad a_3 + b_3 = \left(a_1 - r\right) + b_3 = a_1 - \left(r - b_3\right) = a_1 - b_2$

$$= c_5 - b_2 = c_3 + c_2 - b_2$$，

所以 $\qquad a_3 + b_3 - c_3 = c_2 - b_2$ ················· $(A17)$

同理 $\qquad a_4 + b_4 - c_4 = c_2 - a_2$ ················· $(A18)$

又因 $\qquad c_5 = a_3 + r = a_3 + b_2 + b_3$，

所以 $\qquad c_5 - b_2 = a_3 + b_3$ ····················· $(A19)$

又因 $\quad b_6 = b_2 + b_4, \quad a_5 = c_5 - a_4$

所以 $b_6 - a_5 = (b_4 + a_4) - (c_5 - b_2)$

以（A19）代得

$$b_6 - a_5 = (b_4 + a_4) - (b_3 + a_3) \cdots\cdots\cdots\cdots\cdots (A20)$$

（B）各线间的等积关系定理：

设 a_m、b_m、c_m 是一直角三角形的勾股弦，a_n、b_n、c_n 是另一直角三角形的勾股弦，因为这些直角三角形都相似，所以

$$a_m : a_n = b_m : b_n$$

就是 $\quad a_m b_n = a_n b_m \cdots\cdots\cdots\cdots\cdots\cdots\cdots\cdots (B1)$

同理 $\quad a_m c_n = a_n c_m \cdots\cdots\cdots\cdots\cdots\cdots\cdots\cdots (B2)$

$$b_m c_n = b_n c_m \cdots\cdots\cdots\cdots\cdots\cdots\cdots\cdots (B3)$$

又由（A1），

得 $\quad d^2 = (a + b - c)^2 = a^2 + b^2 + c^2 - 2bc - 2ca + 2ab$

$$= 2c^2 - 2bc - 2ca + 2ab = 2(c - b)(c - a)，$$

所以由（A5）（A6）（B1），

得 $\quad d^2 = 2a_7 b_8 = 2a_8 b_7 \cdots\cdots\cdots\cdots\cdots\cdots (B4)$

又因 $\quad r^2 = a_6 b_5 = a_5 b_6 = (c_3 + b_3)(c_4 + a_4)$

$$= c_3 c_4 + c_3 a_4 + b_3 c_4 + b_3 a_4 = c_3 c_4 + c_4 a_3 + b_4 c_3 + b_4 a_3$$

所以 $\quad r^2 = (c_3 + a_3)(c_4 + b_4) \cdots\cdots\cdots\cdots\cdots (B5)$

又由（A6），得 $\quad b^2 + b_8^2 = (c^2 - a^2) + (c - a)^2$

$$= c^2 - a^2 + c^2 - 2ca + a^2 = 2c^2 - 2ca = 2c(c - a)$$

再由 $(A6)$，得 $b^2 + b_8{}^2 = 2cb_8$ ················· $(B6)$

同理 $b^2 - b_8{}^2 = 2ab_8$ ·················· $(B7)$

又由 $(A14)$ $(A2)$，

得 $a_7 + b_7 - c_7 = (d - b_2) - b_2 = c_2 + a_2 - b_2$

同理 $a_8 + b_8 - c_8 = c_2 - a_2 + b_2$

乘得

$(a_7 + b_7 - c_7)(a_8 + b_8 - c_8) = c_2{}^2 - a_2{}^2 + 2a_2 b_2 - b_2{}^2 = 2a_2 b_2$

所以

$a_2 b_2 = \dfrac{1}{2}(a_7 + b_7 - c_7)(a_8 + b_8 - c_8)$ ·············· $(B8)$

又因 $(a_2 + b_2 - c_2) : c_2 = (a_1 + b_1 - c_1) : c_1$

以 $(A16)$ 代得 $(a_2 + b_2 - c_2) : (a_1 + b_1 - c_1) = (a_1 + b_1 - c_1) : c_1$

所以 $(a_1 + b_1 - c_1)^2 = c_1(a_2 + b_2 - c_2)$ ············ $(B9)$

又由 $(A16)$，

得 $c_2{}^2 = (a_1 + b_1 - c_1)^2 = a_1{}^2 + b_1{}^2 + c_1{}^2 - 2b_1 c_1 - 2c_1 a_1 + 2a_1 b_1$

$= 2c_1{}^2 - 2b_1 c_1 - 2c_1 a_1 + 2a_1 b_1 = 2(c_1 - b_1)(c_1 - a_1)$，

但是 $c_1 - b_1 = c_1 - c_6 = c_3$，$c_1 - a_1 = c_1 - c_5 = c_4$，

所以 $c_2{}^2 = 2c_3 c_4$ ···················· $(B10)$

原书所载定理五百多条，这里不过举了三十条，读者如果仿上法继续研究，一定可以推得其他许多重要性质。

圆周率的沿革

　　中国古代求圆面积和球体积，最初所用的圆周率是"径一周三"，就是$\pi=3$，后人把它称作"古率"。在《周髀算经》和《九章算术》的"方田""少广""商功"各章中，凡遇有关圆的计算，都用这个古率。例如《九章算术》中的"方田"章由直径（D）或圆周（P）求圆田面积（A）的四种算法，第一法是$A=\dfrac{P}{2}\times\dfrac{D}{2}$，第二法是$A=\dfrac{PD}{4}$，由周长和直径两个已知数来计算，所设的数前者恰是后者的3倍。第三法是$A=\dfrac{3D^2}{4}$，第四法是$A=\dfrac{P^2}{12}$，和现今的算法$A=\dfrac{\pi D^2}{4}$、$A=\dfrac{P^2}{4\pi}$比较，古法显然是用$\pi=3$来计算的。

　　古代人民在使用"径一周三"这个圆周率的长期计算实践中，逐渐发现它的精确性很不够，还不切合实际，但是究竟应该用什么比较精密的数值，仍旧不知道。

　　首先在古率外另设圆周率新数的是西汉的刘歆（约公元前50年—公元23年）。在公历纪元初年，汉朝的统治者为

了要统一全国度量衡制，命刘歆设计
制造了一种铜质的圆柱形标准量器，
名叫"律嘉量斛"。我们根据这个铜斛
上所刻的铭文[1]，知道斛面的圆里有每
边长1尺的正方形，它的四角和圆周相
距9厘5毫，即0.0095尺，而圆面积是

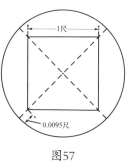

图57

1.62方尺。由这几个数据，就可以算出刘歆所用的圆周率的

数值。如图57，易知正方形的对角线长 $\sqrt{2}$尺 ≈ 1.4142 ，

所以圆的直径是1.4142尺+0.0095×2=1.4332尺，已知圆面积

1.62方尺，那么由公式 $A = \dfrac{\pi D^2}{4}$ ，可得 $\pi = \dfrac{4A}{D^2} = \dfrac{4 \times 1.62}{(1.4332)^2} \approx 3.1547$

。这一个刘歆的圆周率虽然还不够精确，然而此后在圆的计

算上不再拘泥于古率，并且能启发后人去继续寻求圆周率

新数。

　　刘歆以后，东汉张衡（78-139）也曾求到两个新的圆周

1.刘歆所造的律嘉量斛，现在还有一具保存在北京故宫博物院里，
是完整无缺的。此物近下端有一个横隔层，层上的容量恰是一斛，层
下是一斗，左、右两耳各是一个小圆柱体，左耳容量是一升，右耳也
有一个横隔层，层上的容量是一合，层下是一龠，这是一个包含五种
量的标准容器。因为我们可以由上面所刻的铭文，推知当时尺度的
长短，由该器重二钧（即六十斤）算出当时的重量，再凭该器所发的声
响正好符合"黄钟"的"宫"声，又可以用来审定音律，如此，当时的
律、度、量、衡四种制度可以从这一器具完全考究出来。

率数值 $\sqrt{10}$ 和 $\frac{92}{29}$，它们近似于3.1623和3.1724。这两个新率虽然比刘歆圆周率的精确度更差一些，但是比起古率来，已有很大的进步了。关于 $\sqrt{10}$ 这个数，在阿拉伯和印度的数学书里也曾提到过，但是比张衡迟了几百年。

此外，东汉蔡邕（133–192）曾说"玉衡的直径是八寸，圆周二尺五寸强"，可见他认为圆周率大于 $\frac{25}{8}=3.125$。三国时，王蕃又提"周一百四十二而径四十五"，这就是说圆周率是 $\frac{142}{45}=3.155$。

以上所记的圆周率，古书里没有提到它们的求法，大概都是凭经验得来的。

首先根据理论来探求圆周率近似值的，当推刘徽。刘徽所创造的算法叫作"割圆术"，这种算法不但提供了圆周率的比较精确的数值，还奠定了后世计算圆周率的基础。另外，在这个算法中还显示出刘徽已经能够用极限观念来考虑数学问题。

下面把刘徽的这一个伟大创造详细谈一谈。

二

　　《九章算术》方田章"圆田求积"一题下面刘徽的注，所讲的就是求圆周率的方法。刘徽认为古率π=3是圆内接正六边形的周长对于直径的比，较真值——就是圆周长对于直径的比——为小，而且相差很大。于是他把圆内接正六边形各边所对的弧平分，作出同圆的内接正十二边形，利用勾股定理求它的边长。照此继续把弧平分，顺次可求内接正24,48,96……边形的边长。因为当圆的半径是1时，圆面积等于$1^2×π=π$，所以我们可以由内接正多边形的边长求面积，根据"圆内接正多边形的边数愈多，它的面积愈接近于圆面积"的道理，得到π的较精确的数值。现在分三步来说明刘徽的算法。

　　(1)求内接正多边形的边长　如图58，设已知圆O的半径$OA=OB=OC=1$，AB是内接正n边形的一边，它的长是l_n，C

是 $\overset{\frown}{AB}$ 的中点，那么AC和CB是内接正$2n$边形的边。如果用l_{2n}表示AC或CB的长，那么由勾股定理，得

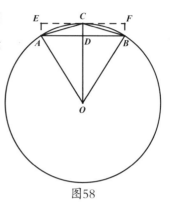

图58

$$OD = \sqrt{\overline{OA}^2 - \overline{AD}^2}$$

$$= \sqrt{1^2 - \left(\frac{l_n}{2}\right)^2} = \frac{1}{2}\sqrt{4 - l_n^2}$$

$$DC = OC - OD = 1 - \frac{1}{2}\sqrt{4 - l_n^2}$$

$$\therefore l = AC = \sqrt{\overline{AD}^2 + \overline{DC}^2}$$

$$= \sqrt{\left(\frac{}{2}\right) + \left(1 - \frac{1}{2}\sqrt{4 - l_n^2}\right)} = \sqrt{2 - \sqrt{4 - l_n^2}} \cdots\cdots\cdots\cdots (1)$$

（2）由边长求面积　因为$AB \perp OC$，所以四边形$AOBC$的面积是 $\quad \frac{1}{2}OC \times AB = \frac{1}{2}l_n$

但$AOBC$是内接正$2n$边形的n分之一，所以设内接正$2n$边形的面积是S_{2n}，可得

$$S_{2n} = n \times \frac{1}{2}l_n = \frac{1}{2}nl_n \cdots\cdots\cdots\cdots (2)$$

（3）定不足近似值和过剩近似值　以AB做底、DC做高作矩形$ABFE$，并且设圆内接正n边形的面积是S_n，那么

$$ABFE = 2\triangle ABC = 2 \times \frac{1}{n}(S_{2n} - S_n)$$

$$n \times ABFE = 2(S_{2n} - S_n)$$

　　因为 $n \times ABFE + S_n$ 显然比圆面积多出了许多个矩形
（如 $ABFE$ 等）的圆外部分，所以它大于圆面积，即

$$2\left(S_{2n} - S_n\right) + S_n = S_{2n} + \left(S_{2n} - S_n\right) > \pi$$

又因圆面积大于 S_{2n}，所以得不等式

$$S_{2n} < \pi < S_{2n} + \left(S_{2n} - S_n\right) \cdots\cdots\cdots\cdots\cdots (3)$$

　　刘徽根据上面的三个结果，从内接正6边形起算，因已
知半径是1的圆内接正6边形的边长也是1，所以由公式（1）
可得 $l_{12} = \sqrt{2 - \sqrt{4 - 1^2}} = 0.517638$

　　继续由公式（2）得 $S_{24} = \dfrac{1}{2} \times 12 \times 0.517638 = 3.105828$

　　照此进行，又可求得

　　$S_{48} = 3.132627$，　$S_{96} = 3.139344$，　$S_{192} = 3.141024$。

　　如果到此为止，那么

$$S_{192} + \left(S_{192} - S_{96}\right) = 3.141024 + (3.141024 - 3.139344)$$

$$= 3.142704$$

由公式（3）得

$$3.141024 < \pi < 3.142704$$

或　　　　　　　$3.14\dfrac{0.64}{625} < \pi < 3.14\dfrac{1.69}{625}$

这个结果显然有两位小数是准确的。刘徽用四舍五入
法，取两位小数而定，

$$\pi = 3.14 = \frac{157}{50}$$

因为这是一个不足近似值，所以他在求得这数后，还有此率"犹为微少"的补充说明。刘徽在计算时所用的圆周率都是这一个数，因而后人把它称作"徽率"。

在《九章算术》的注里，求到 $\pi=3.14$ 以后，还有一大段文字，说明如果继续计算到内接正3072边形的面积，可得 $\pi = \frac{3927}{1250}$（即3.1416）。这段文字过去曾被怀疑是由祖冲之所增入，但据钱宝琮的考证，这也是刘徽所注的[1]。

刘徽创造的这个割圆术，后人把它称作"徽术"。它用折线来逐渐接近曲线，用多边形来逐渐接近曲线形，就是极限观念的一种应用。关于极限的观念，在刘徽以前的各种书籍里已屡次见到。例如《庄子》里的"一尺之棰，日取其半，万世不竭"，就是指把1继续折半，得 $\frac{1}{2},\frac{1}{4},\frac{1}{8},\frac{1}{16},\cdots\cdots,\frac{1}{2^n}\cdots\cdots$ 可以无限接近于零，但并不等于零，就是这个变量以零为极限。虽然如此，但把极限观念应用到数学方面，却是从刘徽开始的。刘徽的这一个概念的形成，是由生产劳动中计算圆面积等的实践开始，经过思考而加以抽象化，即提高到理论方面，然后又被用到实际问题中去而得到检验，这是和人类认识客观世界的过程相符的。

1.参阅钱宝琮"圆周率 $\frac{3927}{1250}$ 的作者究竟是谁？它是怎样得来的？"一文。该文载于《数学通报》1955年5月号和《初等数学史》一书（科学技术出版社1959年出版）。

三

在南北朝时，何承天（370–447）、
皮延宗（公元445年前后）和祖冲之
（429–500）三人也对圆周率有研究，而
以祖冲之的贡献为最大。

图59
祖冲之（429—500）

何承天所用的圆周率，根据《隋
书·天文志》中记载他所论述的周天和
天径两数来推算，大约是3.1428，但由
钱宝琮考证，何承天曾采用过 $\pi = \dfrac{22}{7}$。至于皮延宗所定的圆
周率，古书中没有记载，已经失传了。

据《隋书·律历志》的记载，我们知道，祖冲之因为古
法径一周三误差过大，虽经刘歆、张衡、刘徽、王蕃、皮延
宗等各设新率，但仍欠精确，所以他重加推算，得到

$$3.1415926 < \pi < 3.1415927$$

他把前一个不足近似值称作"朒数"，后一个过剩近

似值称作"盈数",而"正数"在盈、胭二数之间。所谓"正数",就是指圆周率的真值来说的,又定"约率"是 $\pi = \frac{22}{7}$,"密率"是 $\pi = \frac{355}{113}$。

以上几个祖冲之的圆周率怎样求得的,现在都无从查考。

关于盈、胭两个数,我们根据当时的情况来推测,似乎除了采用刘徽的割圆术以外,这个精确到七位小数的圆周率是没有别的方法可以求到的。如果我们用刘徽的方法继续推算到圆内接正12288边形和正24576边形,可以得到它们的面积是

$$S_{12288} = 3.14159251, \quad S_{24576} = 3.14159261$$

从而 $$S_{24576} + (S_{24578} - S_{12288}) = 3.14159271$$

去掉末位小数,就得 $3.1415926 < \pi < 3.1415927$。

关于约率,在祖冲之幼年时的历算家何承天已经采用过,据钱宝琮的推测,它可能是用"求一术"算得的。求一术是可以用来解不定方程的一种算法,起源于《孙子算经》(约四世纪末)。虽然在这部书里没有把算法讲得完全,但是这个方法在当时的历法计算上必须用到,很可能那时候的历算家对这个方法都很熟悉。如果用 x、y 代表两个整数,并且 $\frac{x}{y}$ 是略大于徽率 $\frac{157}{50}$ 的分数(因 $\pi > \frac{157}{50}$),那么由 $\frac{x}{y} > \frac{157}{50}$ 可得 $50x > 157y$。如果设 $50x = 157y + 1$,这是一个不定方程,利用

求一术来解（参阅《中国代数故事》中的"百鸡术和中国剩余定理"），以50做衍数，157做定母，求得的乘率就是*x*的值。算式如下：

寄数	衍数	定母	寄数
1	50	157	0
21	49	150	3
22	1	7	3

$$\therefore \qquad\qquad\qquad x = 22$$

$$y = (50 \times 22 - 1) \div 157 = 7$$

由此得到

$$\pi = \frac{x}{y} = \frac{22}{7}$$

约率$\frac{22}{7}$虽然只有两位小数精确，但因数目简约，使用方便，所以也常常要用到它。

关于密率，它近似于3.14159292，也有六位小数精确，是表示圆周率的"最佳渐近分数"之一。这个圆周率在欧洲要到公元1573年才由德国人鄂图发现，而有些数学书里认为是荷兰人安托尼兹的创造，把它称作"安托尼兹率"。其实，我国祖冲之比他们早一千多年就已得到了这一个数值。因此，日本数学家三上义夫在他所著的《数学发达史》中，建议把这一个圆周率改称作"祖率"。祖冲之怎样求得的这个密率，据钱宝琮的推测，可能是用何承天的"调日法"算出来的，取徽率$\frac{157}{50}$和约率$\frac{22}{7}$两个分数，前一个较小的作为

"弱率"，后一个较大的作为"强率"，调日法是在弱率的分子、分母上各加以强率的分子、分母，照这样累次加得许多个新分数，在其中选取和已知小数极相近的一个，用来作为"定率"。如果我们在弱率 $\frac{157}{50}$ 的分子、分母上累加强率 $\frac{22}{7}$ 的分子、分母，经9次就可以得到祖冲之的密率：

$$\pi = \frac{157+22\times 9}{50+7\times 9} = \frac{355}{113}$$

又据孙炽甫的推测，密率也可能是用求一术求得的。因为祖冲之知道 $\frac{3927}{1250} > \pi$，如果 $\frac{x}{y}$ 是略小于 $\frac{3927}{1250}$ 的分数，那么由 $\frac{3927}{1250} > \frac{x}{y}$，可得 $3927y > 1250x$。设 $3927y=1250x+1$，用求一术解，以3927做衍数，1250做定母，求得的乘率是y的值（因为这个方程和求约率的方程相比，x和y调了一个位置，所以乘率是y的值）。算式如下：

寄数	衍数	定母	寄数
1	3927	1250	0
0	3750	1239	7
1	177	11	7
112	176		
113	1		

$$\therefore \qquad y=113,$$

$$x = (3927\times 113-1)\div 1250 = 355$$

由此得到 $\qquad \pi = \frac{x}{y} = \frac{355}{113}$

　　以上所举的几个祖冲之圆周率的求法，都是从臆测而得，祖冲之的原术是不是这样，还不得而知。据《南齐书》，祖冲之曾"注《九章》，造《缀述》数十篇"。查现传《九章算术》中并没有祖冲之的注，《南齐书》所称祖冲之的《缀述》，大概就是祖冲之在《九章算术》里所作的几十篇注文，因为它是附"缀"在刘徽注后面的叙"述"，所以叫作"缀述"。后来《隋书·律历志》等书所称的《缀术》（五卷或六卷），已经是他的儿子祖暅继承了父亲的数学成就，另行改编而成的一部数学专著了。关于祖冲之计算上述的几个圆周率所用的方法，应该记载在《缀术》书里，可惜这书已在宋代天圣年间（1023–1031）失传，详细内容已难查考了。

　　由祖冲之的盈、朒二数，知道他所定的圆周率已准确到七位小数，并且密率也准确到小数第六位，这是全世界最早出现的最精密的圆周率数值。

四

　　祖冲之以后，经八百多年，直到元代赵友钦的《革象新书》（约十四世纪）才重新用割圆术计算圆周率。他的方法和刘徽的类似，但从圆的内接正方形起算。赵友钦曾求到内接正16384边形，得$\pi=3.1415926$，他在应用时取$\pi=3.1416$。

　　此后明代数学家所用的圆周率，又有各种新的数值，如朱载堉用$\dfrac{\sqrt{2}}{0.45}$和3.1426968，邢云路用3.126和3.12132034，陈荩谟用3.1525，方以智用$\dfrac{52}{17}$。此外又有$\pi=\dfrac{63}{20}$称"桐陵法"，$\pi=\dfrac{25}{8}$称"智术"，这些圆周率都不及祖冲之的精密。

　　清康熙时编的《数理精蕴》中，介绍了四种割圆术，前两种就是刘徽和赵友钦的方法，后两种是仿照上法从圆的外切正六边形和外切正方形起算的新方法。

　　清康熙时，从西方传入用分析法求圆周率的三个公式

（但没有证明），于是古时繁琐的割圆术能用屡乘屡除来代替开方，比较简捷得多。后来的明安图著《割圆密率捷法》，项名达著《象数一原》，董佑诚著《割圆连比例术图解》，徐有壬著《测圆密率》，李善兰著《方圆阐幽》，这些书中都用分析法创造新法多种，并加以证明，比原术更为简捷。此后左潜、曾纪鸿、黄宗宪三人合著《圆率考真图解》一书，把徐有壬的方法变通，更造捷法，求得圆周率一百位数字，只费了一个多月工夫。黄宗宪随公使到英国时，在博物院藏书中找到圆周率数值一百五十八位的来比较一下，知道完全没有错误。这些利用分析法计算圆周率的方法，这里不去记述了。

求积法的新贡献

我国古代由于田亩、仓窖、工程等实际计算的需要，早就有了许多求积的方法，但其中一小部分仅得近似的结果，算法还未能完善，在《中国算术故事》中已经讲过。后来经过了许多人的继续努力，有的加以改良而得准确的算法，有的再加推广，创造新的法则，于是在实用上更感便利了。

关于已知球体的直径（D）而求体积（V）的方法，《九章算术》和《张丘建算经》（约五世纪时）所载的，都可以用近似式 $V=\dfrac{9}{16}D^3$ 表示，如果和近世几何学中求球体积的准确公式 $V=\dfrac{4}{3}\pi r^3=\dfrac{1}{6}\pi D^3$ 来比较一下，由 $\dfrac{1}{6}\pi=\dfrac{9}{16}$，得 $\pi=3.375$，知道它和精确的数值相差很大，在实际中还嫌过于疏陋。后来经祖冲之和他的儿子祖暅加以改正，另立 $V=\dfrac{11}{21}D^3$ 的新法，我们再来和几何学的方法做一比较，由 $\dfrac{1}{6}\pi=\dfrac{11}{21}$，可得 $\pi=\dfrac{22}{7}$。这一个数值就是祖冲之所定的"约率"，可见祖冲之父子的

算法是根据 $V = \frac{1}{6}\pi D^3$ 和 $\pi = \frac{22}{7}$ 创立的。

还有已知弦（c）、矢（b）而求弓形面积（A）的方法，《九章算术》《张丘建算经》《夏侯阳算经》（约八世纪时）三书所用的都是 $A = \frac{1}{2}\left(bc + b^2\right)$，用它求出来的面积数值，较真值为小，这只是一个近似公式。刘徽在《九章算术》的注里曾经指出这个算法不精确，并且提出类似于割圆术的方法，也就是应用极限的观念，以弦做底边作出弓形的内接多边形，再把除底边外的边数逐次加倍，求出多边形的面积来逼近弓形面积。现在把他的计算步骤略述于下：

如图60，设原弓形的弦 AB 的长是 c_1，矢 CD 的长是 b_1，那么等腰三角形 ABC 的面积是 $\triangle_1 = \frac{1}{2}b_1c_1$。继续利用《九章算术》勾股章"圆材埋壁"的算法（参阅

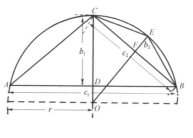

图60

前面"从勾三股四弦五说起"），求出圆的半径 r，然后作出小弓形的内接等腰三角形 BCE，仿照割圆术求得这个小弓形的弦 BC 的长是 c_2，矢 EF 的长是 b_2，那么三角形 BCE 的面积是 $\triangle_2 = \frac{1}{2}b_2c_2$。照此进行，逐次作出割下的小弓形的内接等腰三角形，求得它们的面积是

$$\triangle_3 = \frac{1}{2}b_3c_3 \quad \triangle_4 = \frac{1}{2}b_4c_4 \quad \triangle_5 = \frac{1}{2}b_5c_5 \cdots\cdots$$

于是可得原弓形的面积是

$$A = \Delta_1 + 2\Delta_2 + 4\Delta_3 + 8\Delta_4 + 16\Delta_5 + \cdots\cdots$$

$$= \frac{1}{2}b_1c_1 + b_2c_2 + 2b_3c_3 + 4b_4c_4 + 8b_5c_5 + \cdots\cdots$$

用这个方法，显然是所取的项数愈多，所得的结果愈加精确。因此，刘徽曾说"如果割之又割，割到极细，那么所得的数就愈接近于真值"。但是在实际应用中，这样的计算步骤终嫌太繁，所以刘徽又说"这个方法是为了寻求它的究竟而设立的，在实际中只需取约略的数值，还是用旧法比较简便"。

关于弓形，元代朱世杰的《四元玉鉴》"杂范类会"门中有两个求积的还原问题，如果把它们的算法译成公式，那么一题是

$$A = \frac{1}{2}\left(bc + b^2 + \frac{7}{200}c^2\right) \cdots\cdots\cdots\cdots\cdots (1)$$

另一题是　$A = \frac{1}{2}\left(bc + b^2 + \frac{1}{28}c^2\right) \cdots\cdots\cdots\cdots\cdots (2)$

原书指明（1）是用 $\pi = 3.14 = \frac{157}{50}$ （就是徽率）化得的，（2）是用 $\pi = \frac{22}{7}$ 化得的，因此结果略有不同。我们如果把这两个公式变化一下，各用符号 π 来代圆周率的数值，那么（1）

式是

$$A = \frac{1}{2}\left(bc + b^2 + \frac{7}{200}c^2\right) = \frac{1}{2}\left(bc + b^2 + \frac{7}{50} \times \frac{c^2}{4}\right)$$

$$= \frac{1}{2}[bc + b^2 + (\pi - 3)\left(\frac{c}{2}\right)^2]$$

（2）式是

$$A = \frac{1}{2}\left(bc + b^2 + \frac{1}{28}c^2\right) = \frac{1}{2}\left(bc + b^2 + \frac{1}{7} \times \frac{c^2}{4}\right)$$

$$= \frac{1}{2}[bc + b^2 + \left(\frac{22}{7} - 3\right)\left(\frac{c}{2}\right)^2] = \frac{1}{2}[bc + b^2 + (\pi - 3)\left(\frac{c}{2}\right)^2]$$

两者所得的结果完全一样。可见朱世杰书中两题的算

法都是由 $$A = \frac{1}{2}[bc + b^2 + (\pi - 3)\left(\frac{c}{2}\right)^2]$$

一个公式而得，因为所用π的值不同，所以列式略异。

朱氏公式在后人的书中很少提到，历元、明以至清代，各家计算弓形面积还是沿用《九章算术》的旧法。用朱氏公式计算所得的结果虽然仍是近似值，但比《九章算术》旧法精密得多。清罗士琳在《四元玉鉴》后附订误一则，曾说朱氏公式不精确。道光时谢家禾的《谢谷堂算学》利用演段法证明这个公式，证法很巧妙，其中的最后一步变换是近似的。

古代数学中求三角形的面积，原来只有底、高相乘折半的一个方法，自从宋秦九韶的书中记载了"三斜求积"，

才有已知三边面积的新术。秦氏的方法和西人海龙的类似，虽然比海龙迟，但是独立发明的，不是由外国传入，这是毫无疑问的。

秦氏《数书九章》所载三斜求积的术文说（参阅图61）：

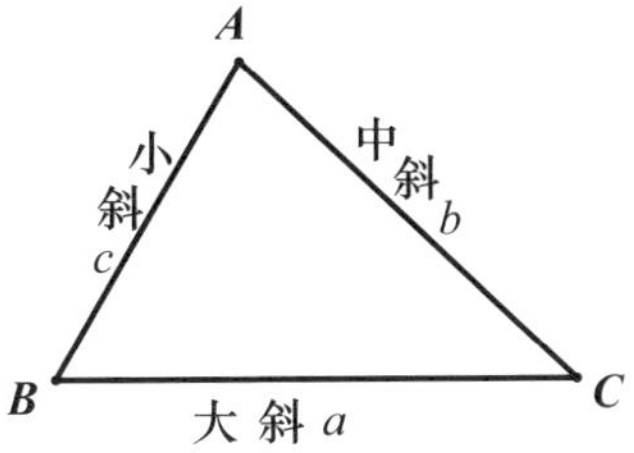

图61

以小斜幂（c^2）并大斜幂（a^2），减中斜幂（b^2），余半之，自乘于上；以小斜幂乘大斜幂，减上，余四约之，为实，一为从隅，开平方得积（A）。

把这算法译成公式，就是

$$A = \sqrt{\frac{1}{4}[e^2a^2 - \left(\frac{c^2 + a^2 - b^2}{2}\right)^2]}$$

原书没有叙明上举公式的来历，后代数学书中也未见证明，但是如果应用古代已知的几何定理，是不难加以证明的。

现在把祖冲之父子求得球体积准确公式的方法，谢家禾所举朱氏弓形求积公式的证法，以及作者所拟秦氏三斜求积公式的证明，分别介绍于后。

二

在祖冲之以前，计算球体的体积都用《九章算术》的公式：

$$V = \frac{9}{16}D^3$$

这个公式可能和汉朝张衡的公式

$$V = \frac{5}{8}D^3$$

有同样的来源。张衡认为：

外切圆柱体积∶球的体积＝外切正方形面积∶圆面积，

就是 $\quad \frac{\pi}{4}D^3 : V = D^2 : \frac{\pi}{4}D^2$（ 或$4 : \pi$）

把它化成 $\quad V = \frac{\pi^2}{16}D^3$

用他所定的圆周率 $\pi = \sqrt{10}$ 代入，就得 $V = \frac{5}{8}D^3$；用古率 $\pi=3$代入，就得 $V = \frac{9}{16}D^3$。由于张衡提出的那一个比例式不准确，所以这两个公式也都是不精确的。

刘徽在《九章算术》的注里，指出了这个算法的错误。他另取每边长一寸的立方棋子八枚，拼成一个每边长二寸的正方体（如图62）。设这个正方体的前、后两面的中心是A和A'，左、右两面的中心是B'和B，而AA'和BB'两直线相交于正方体的中心O。以AA'和BB'分别作轴，作出两个半径为一寸的圆柱面，那么这两个圆柱面所围成的立体，叫作"牟合方盖"（如图63）。因为这个牟合方盖的中心横截面是一个正方形$DEFG$，它的内切球（就是以O做中心而半径是一寸的球）的中心横截面是内切圆$ABA'B'$，易知

$$DEFG : ABA'B' = 2^2 : \frac{\pi}{4} \times 2^2 = 4 : \pi$$

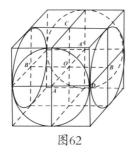

图62

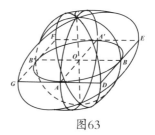

图63

而且以任何平面横截这个外切牟合方盖和内切球，所得的两个横截面，前者总是后者（圆）的外切正方形，所以知道，外切牟合方盖体积：球体积＝外切正方形面积：圆面积（就是等于$4 : \pi$）。

这样一来，刘徽把张衡的外切圆柱体改成了外切牟合方盖，那就完全合理了。但是刘徽对于牟合方盖的体积的求法仍旧没有找到，所以还不能得到球体积的准确算法，他只是很谦虚地说："欲陋形措意，惧失真理，敢不阙疑，以俟能言者。"

唐朝李淳风在《九章算术》中所加的注文，提到祖暅曾经巧妙地求出了牟合方盖的体积，由此得到了球体体积的准确公式。但是查祖冲之反驳戴法兴的一篇《驳议》，其中有一段谈到《九章算术》计算球体体积的旧法错误，张衡"述而勿改"，刘歆的斛铭"诡谬其数"，以下又谈到某些历法计算不精确，郑玄、阚泽、王蕃、刘徽等人"并综数艺，而每多疏舛"，他接着说自己"昔以暇日，撰正众谬"。这里所谓"撰正众谬"，应该是指圆周率近似值的修订和球体积准确算法的创立等成就来说的。因此，我们认为，祖冲之早年就已获得了这个球体体积的准确公式，并且也可以说这是祖冲之父子两人的成就。现在根据李淳风的注文，把祖冲之父子创立这个公式的方法叙述如下：

取刘徽所用八个立方棋子中的一个（但设边长是r），例如$OABC$，如图62，或图64的(a)，它被刘徽所作的两个圆柱面分成四个部分，如图64的(b)、(c)、(d)、(e)，(b)是一个"内棋"，(c)、(d)、(e)是三个"外棋"，内棋就是

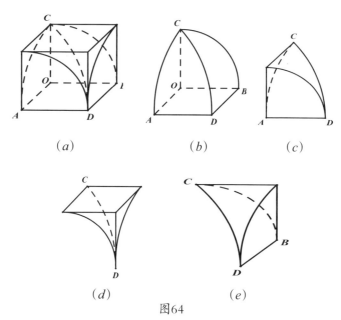

(a) (b) (c)

(d) (e)

图64

牟合方盖体积的八分之一。现在把这四个部分仍旧合并而成立方棋，作出距底是h而平行于底的截面，它截内棋得正方形KL，截三个外棋得两个长方形KM、LN和一个正方形MN，如图65的(a)。另外取同样的立方棋，作出一个倒立的内接正四棱锥，也用距底是h而平行于底的平面来作出截面，它截正四棱锥得正方形PQ，如图65的(b)。为了清楚起见，我们把两个立方棋的截面上方的部分都去掉，分别来计算三个外棋的截面，如图65的(c)中有阴影的部分，和一个正四棱锥的截面，如图65的(d)中有阴影的部分的面积。从图可见在$\triangle OHL$中，已知$OH=h$，$OL=OB=r$，由此可得正方形KL的面积是 $\overline{HL}^2 = \overline{OL}^2 - \overline{OH}^2 = r^2 - h^2$。

但是正方形HI的面积等于r^2，所以三个外棋的横截面面积是 $\square HI - \square KL = r^2 - (r^2 - h^2) = h^2$

又因 $\angle PDI = 45°$。所以 $PI = DI = h$，

从而正四棱锥的横截面PQ的面积是 $\overline{PI}^2 = h^2$

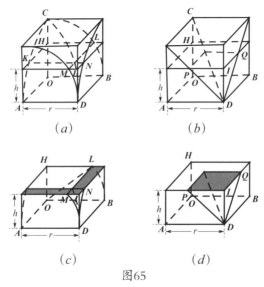

图65

到这里，我们证明了三个外棋的横截面的面积等于一个倒立正四棱锥的等高横截面的面积（都是h^2）。这一个关系，无论横截面和底的距离h是什么值，都是成立的。祖氏认为：既然三个外棋和一个倒立的正四棱锥被等高的横截面截得的面积都相等，那么它们的体积也应该是相等的。已知正四棱锥的体积是立方棋体积的三分之一，所以三个外

棋的体积也是立方棋体积的三分之一, 从而一个内棋的体积是立方棋体积的三分之二, 就是

$$\frac{1}{8} \times 牟合方盖的体积 = \frac{2}{3}r^3$$

由此可得　　牟合方盖的体积 $= \frac{16}{3}r^3 = \frac{2}{3}D^3$

把它代入刘徽的比例式, 得

$$\frac{2}{3}D^3 : V = 4 : \pi$$

∴　　　　　　　$$V = \frac{1}{6}\pi D^3$$

这就是绝对准确的球体积公式, 但是祖氏在证明时, 用

$$\pi = 3, \quad V = \frac{1}{2}D^3$$

在实际应用时, 用

$$\pi = \frac{22}{7}, \quad V = \frac{11}{21}D^3$$

在祖氏证明球体积公式时, 引用了一条公理: 界于两个平行平面间的两个立体, 被任一平行于这两个平面的平面所截, 如果它们的两个截面的面积常相等, 那么这两个立体的体积也相等。[1]这一条公理就是现今立体几何学中的"卡

1在《九章算术》中李淳风所引祖氏的话, 把这公理简要地叙述为: "幂势既同, 则积不容异。"

伐列利公理"。其实，卡伐列利是十七世纪前期的意大利数学家，他在祖氏后约一千多年，因而我们应该把这一条公理改称作"祖氏公理"，那才是最恰当的。

再回顾到刘徽的牟合方盖体积和内切球体积关系的比例式，它的来历是曾经应用过这样的公理："两个等高的立体，如果被任何相同高度的平面横截所得的两个截面面积（S 和 S'）的比是一个常数，那么这两个立体的体积（V 和 V'）的比也等于这个常数。"就是 $V:V'=S:S'$，这个公理实际可以说在《九章算术》书中早已应用过，例如，正四棱柱（或正四棱锥）和它的内切圆柱（或圆锥）的体积比，应该等于正方形和它的内切圆的面积比。我们再把祖氏公理和 $V:V'=S:S'$ 这个公理来比较一下，显然祖氏公理只是后者的一个特例，就是前者是 $V:V'=S:S'=1$ 时的特殊情况。照这样看来，祖氏公理的表述者虽然是祖冲之父子，但是类似的公理却早在很久以前就被应用了。[1]

1.这最后一段文字，是得到了钱宝琮教授的提示以后补写的，特在此处注明。

三

谢家禾证朱世杰弓形求积公式时, 分别用徽率和祖冲之的约率立术, 其实他的证法和所用圆周率的种类无关, 现在为便利起见, 用π来代表。

设弓形ACB, 从它的弦的一端B作垂直弦BQ, 得到另一弓形BMQ(如图66)。如果

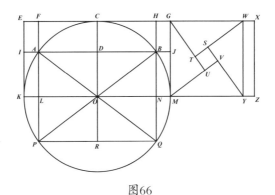

图66

原有弓形的面积是A_1, 它的矢$CD=b_1$, 弦$AB=c_1$;

辅助弓形的面积是A_2, 它的矢$MN=b_2$, 弦$BQ=c_2$,

又圆的半径是r。作切线EG、EK、GM, 延长直径KM和切线EG到Z和X, 使EX和KZ都等于半径的π倍。又取GW和MY都等于半径r, 那么$WX = YZ = (\pi - 3)r$。

因为$GMYW$是正方形, 各边都等于$BO=r$, 并且

$$\angle BON + \angle OBN = 90^{\circ}$$

所以, 如果在$GMYW$的各边上向形内各作一直角三角形和$\triangle BON$全等, 那么各形的勾、股必顺次相合, 中间组成一正方形$STUV$, 它的边

$$ST = WT - WS = NO - BN$$

$$= \frac{c_1}{2} - \frac{c_2}{2} = r - b_2 - r + b_1 = b_1 - b_2$$

又因 $\square EZ=EX \times XZ=\pi r \times r=\pi r^2=\odot O$

$\triangle GMU=\triangle MYV=\triangle YWS=\triangle WGT$

$=\triangle OPL=\triangle OPR=\triangle OQN=\triangle OQR$

所以 $\square EZ-\square AN-(\triangle GMU+\triangle MYV+\triangle YWS+\triangle WGT)$

$=\odot O-\square AN-(\triangle OPL+\triangle OPR+\triangle OQN+\triangle OQR)$

就是 $\square FB+2\square IL+2\square EA+\square SU+\square WZ=2A_1+2A_2$

也就是

$$b_1c_1 + b_2c_2 + 2b_1b_2 + (b_1 - b_2)^2 + (\pi - 3)r^2 = 2A_1 + 2A_2$$

$$b_1c_1 + b_2c_2 + 2b_1b_2 + b_1^2 - 2b_1b_2 + b_2^2 + (\pi - 3)\left[\left(\frac{c_1}{2}\right)^2 + \left(\frac{c_2}{2}\right)^2\right]$$

$$= 2A_1 + 2A_2$$

$$\left[b_1 c_1 + b_1^2 + (\pi - 3)\left(\frac{c_1}{2}\right)^2 \; + \; b_2 c_2 + b_2^2 + (\pi - 3)\left(\frac{c_2}{2}\right)^2 \right.$$

$$= 2A_1 + 2A_2$$

所以　$A_1 + A_2 = \dfrac{1}{2}\left[b_1 c_1 + b_1^2 + (\pi - 3)\left(\frac{c_1}{2}\right)^2 \right]$

$$+ \dfrac{1}{2}\left[b_2 c_2 + b_2^2 + (\pi - 3)\left(\frac{c_2}{2}\right)^2 \right] \cdots\cdots\cdots\cdots (1)$$

谢氏因为 $A1$、$A2$ 两弓形互相对应,而上式右边的两项恰巧也相对应,所以假定右边的两项依次各等于左边的两项,得

$$A_1 = \dfrac{1}{2}\left[b_1 c_1 + b_1^2 + (\pi - 3)\left(\frac{c_1}{2}\right)^2 \right]$$

$$A_2 = \dfrac{1}{2}\left[b_2 c_2 + b_2^2 + (\pi - 3)\left(\frac{c_2}{2}\right)^2 \right]$$

于是设弓形的面积是 A, 矢是 b, 弦是 c, 得公式

$$A = \dfrac{1}{2}\left[bc + b^2 + (\pi - 3)\left(\frac{c}{2}\right)^2 \right] \cdots\cdots\cdots\cdots (2)$$

细考上举证法中的最后一步,把(1)的一个等式分割而成两个等式,借此得到如(2)的朱氏公式,这显然是不合理的,因而(2)式只能是一个近似公式。这一个公式当弓形弧是90°时,因为 $A_1 = A_2$, $b_1 = b_2$, $c_1 = c_2$, 所以它是绝对精确的。除此以外,当弓形弧小于90°时,所得的是过剩近似值;当弓形弧大于90°而小于180°时,所得的是不足

近似值。把这个公式和《九章算术》的公式比较，前者更为精确。现在举出弓形弧是60°和120°的特例，分别计算于下。

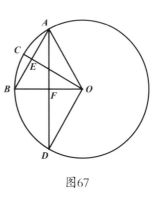

图67

如图67，设在⊙O中，∠AOD=120°，OB平分∠AOD，OC平分∠AOB，又设半径=2，那么

$$AB = 2, OE = \sqrt{3}, CE = 2 - \sqrt{3}$$

如果$\sqrt{3}=1.732, \pi=3.1416$，那么由朱氏公式可求得弓形

$ACB = 4 + \dfrac{1}{2}\pi - 3\sqrt{3} = 0.3748$，和利用扇形求积法所得的准确

结果$\dfrac{2}{3}\pi - \sqrt{3} = 0.3624$互相比较，超过了0.0124。至于用《九章

算术》的公式求得的$5.5 - 3\sqrt{3} = 0.3040$，那就误差更大，计不足0.0584。

又 $AD = 2\sqrt{3}, OF = 1, BF = 1$，也代入朱氏公式，得

弓形 $AD = 2\sqrt{3}, OF = 1, BF = 1$，

比利用扇形求得的$\dfrac{4}{3}\pi - \sqrt{3} = 2.4568$缺少了0.0124。如果

用《九章算术》的公式来计算，得$\sqrt{3} + 0.5 = 2.232$，误差非常大，竟不足0.2248。

另外，我们从上例还可以看到，用朱氏公式求得的

$A_1 = 0.3748$，$A_2 = 2.4444$都不精确，但$A_1+A_2=2.8192$，却和

精确值0.3624＋2.4568＝2.8192没有两样。从此可见,谢家禾证得的(1)式完全准确,但(2)式是近似的。

四

秦九韶的三斜求积公式怎样得来的,不能详细知道。但根据古代已知的定理和算法来推想,大概是从圭田求积法、勾股定理以及演段算法等求得的。现在假定一个证法,举示于下:

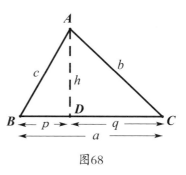

图68

如图68,△ABC的三边是a、b、c,其中一边a上的高是h,分a成p、q两份,由圭田求积法,得△ABC的面积

$$A = \frac{1}{2}ah$$

自乘得

$$A^2 = \frac{1}{4}a^2h^2 \quad\cdots\cdots\cdots\cdots (1)$$

又由勾股定理,知道

$$h^2 = c^2 - p^2 \quad\cdots\cdots\cdots\cdots (2)$$

以(2)代入(1),得

$$A^2 = \frac{1}{4} a^2 \left(c^2 - p^2 \right) = \frac{1}{4} \left(c^2 a^2 - a^2 p^2 \right) \cdots\cdots\cdots (3)$$

再仿（2），得 $b_2 = h_2 + q_2 = c_2 - p_2 + q_2 \cdots\cdots\cdots (4)$

又如图69，由演段算法，知道

$$q^2 = a^2 + p^2 - 2ap^1 \cdots\cdots (5)$$

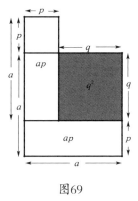

以（5）代入（4），得

$$b^2 = c^2 - p^2 + a^2 + p^2 - 2ap$$

$$= c^2 + a^2 - 2ap \cdots\cdots\cdots (6)$$

又由还原算法，变（6）成

$$p = \frac{c^2 + a^2 - b^2}{2a} \cdots\cdots (7)$$

图69

以（7）代入（3），得

$$A^2 = \frac{1}{4} \left[c^2 a^2 - a^2 \left(\frac{c^2 + a^2 - b^2}{2a} \right)^2 \right] = \frac{1}{4} \left[c^2 a^2 - \left(\frac{c^2 + a^2 - b^2}{2} \right)^2 \right]$$

开平方，得 $A = \sqrt{\frac{1}{4} \left[c^2 a^2 - \left(\frac{c^2 + a^2 - b^2}{2} \right)^2 \right]}$

这就是秦九韶书中的公式。

上式实际和海龙公式一样，我们把它变化一下就能明

白：

$$A^2 = \frac{1}{4} \left[c^2 a^2 - \left(\frac{c^2 + a^2 - b^2}{2} \right)^2 \right]$$

$$= \frac{1}{4} \left(ca + \frac{c^2 + a^2 - b^2}{2} \right) \left(ca - \frac{c^2 + a^2 - b^2}{2} \right)$$

1.这个式子原可以由 $q = a - p$，两边各平方而得，但因秦九韶可能对天元术没有研究，似乎还不能用代数方法计算二项式的平方，所以这里假定他是用古代的演段算法得出这个式子来的。

$$= \frac{1}{4} \times \frac{2ca + c^2 + a^2 - b^2}{2} \times \frac{2ca - c^2 - a^2 + b^2}{2}$$

$$= \frac{1}{16}\left[(c+a)^2 - b^2\right]\left[b^2 - (c-a)^2\right]$$

$$= \frac{1}{16}(c+a+b)(c+a-b)(b+c-a)(b-c+a)$$

设　　$\frac{1}{2}(a+b+c) = s$,

那么　　$a+b+c = 2s$

$$b+c-a = 2(s-a)$$

$$c+a-b = 2(s-b)$$

$$b-c+a = 2(s-c)$$

代入前式, 再开平方, 就得海龙公式

$$A = \sqrt{s(s-a)(s-b)(s-c)}$$

《数书九章》中原有的三斜求积问题如下:

问沙田一段, 有三斜, 其小斜一十三里, 中斜一十四里, 大斜一十五里。里法三百步 (即1里=300步, 但那时的1步等于5尺, 和刘徽《海岛算经》不同)。欲知为田几何? 答曰: 田积三百一十五顷。

利用秦九韶公式, 把这个问题解答如下:

以 a=13 , b=14 , c=15代入公式, 得

$$\sqrt{\frac{1}{4}\left[15^2 \times 13^2 - \left(\frac{15^2 + 13^2 - 14^2}{2}\right)^2\right]} = \sqrt{\frac{1}{4}(38025 - 9801)}$$

$$= \sqrt{7056} = 84$$

因此，所求的面积是84方里。又因1方里=150^2方丈=22500方丈=375亩=3.75顷，所以沙田的面积是3.75顷×84=315顷。

用秦氏公式来解这一类题目，虽然要比用海龙公式繁一些，但也有时候会遇到特殊的问题，反而比用海龙公式简捷得多。例如，已知$a = \sqrt{5}, b = \sqrt{10}, c = \sqrt{13}$，如果用秦氏公式，计算的步骤是：$a^2 = 5, b^2 = 10, c^2 = 13$，得

$$A = \sqrt{\frac{1}{4}\left[13 \times 5 - \left(\frac{13 + 5 - 10}{2}\right)^2\right]} = \sqrt{\frac{1}{4}(65 - 16)}$$

$$= \sqrt{\frac{49}{4}} = \frac{7}{2} = 3\frac{1}{2}$$

如果用海龙公式，计算的步骤是：

$$s = \frac{1}{2}(\sqrt{10} + \sqrt{13} + \sqrt{5})$$

$$s - a = \frac{1}{2}(\sqrt{10} + \sqrt{13} - \sqrt{5})$$

$$s - b = \frac{1}{2}(\sqrt{5} - \sqrt{10} + \sqrt{13})$$

$$s - c = \frac{1}{2}(\sqrt{5} + \sqrt{10} - \sqrt{13})$$

$$A = \frac{1}{4}\sqrt{(\sqrt{10}+\sqrt{13}+\sqrt{5})(\sqrt{10}+\sqrt{13}-\sqrt{5})(\sqrt{5}-\sqrt{10}+\sqrt{13})(\sqrt{5}+\sqrt{10}-\sqrt{13})}$$

$$= \frac{1}{4}\sqrt{\left[(\sqrt{10}+\sqrt{13})^2-(\sqrt{5})^2\right]\left[(\sqrt{5})^2-(\sqrt{10}-\sqrt{13})^2\right]}$$

$$= \frac{1}{4}\sqrt{(2\sqrt{130}+18)(2\sqrt{130}-18)} = \frac{1}{4}\sqrt{520-324} = \frac{1}{4}\sqrt{196}$$

$$= \frac{1}{4}\times14 = 3\frac{1}{2}$$

把两种算法一比较, 知道后者比前者复杂得多, 所费的时间将近十倍。

体积还原和截积术

一

　　我国在两晋、南北朝时期，经过了三百多年的分裂混战局面，到隋朝才得到统一。在隋朝暂时稳定的社会环境里，农业和手工业都得到恢复和发展。同时南北交通运输逐渐扩大，引起了大规模的土木建设，如修渠、造桥等。我国古代建筑工程的杰出成就之一——赵州渡河上的大型石拱桥，就是在这时候由石匠李春设计建成的。后来由于隋炀帝的残暴统治，农民受不了徭役和兵役的沉重负担，纷纷起义，使隋政权走向崩溃。但结果又被大地主乘机起兵，夺取政权，建立了唐朝。唐初的统治者为了缓和阶级矛盾，对农民采取让步的措施。于是在农民的辛勤劳动下，农业又得到进一步发展。同时手工业作坊的生产水平不断提高，水陆交通空前繁盛，工程建筑也继续进行。这样就促进了科学技术的发展，如数学、天文、历法、医药、冶炼等，都获得了重大的成就。关于数学方面的成就，主要是王孝通总结了土木工程中计算土方、容量等的经验所写成的《缉古算术》（公元626年后几年的著作，公元656年后称作《缉古算经》）。

《缉古算术》中的大部分内容，是有关筑堤、造台、开河、掘窖的土方体积问题，和谷仓、米囤、粮窖的容量问题。有一些题目是已知体积或容量，以及长、阔、高各数中每二数的差，而求长、阔等数，这就是体积还原题。也有些题目是已知长、阔、高和截下的部分体积，而求这截下部分的长或高，这就是截积术，在工程的逐段验收中是用得到的。这些问题都要利用三次方程才能解决。现在把该书的第二题，即建筑天文台的问题来给读者做介绍。先抄录原题和答案如下：

假令太史造仰观台，上广袤少，下广袤多，上下广差二丈，上下袤差四丈，上广袤差三丈，高多上广一十一丈。甲县差一千四百一十八人，乙县差三千二百二十二人，夏程人功常积七十五尺，限五日役台毕。羡道从台南面起，上广多下广一丈二尺，少袤一百四尺，高多袤四丈。甲县一十三乡，乙县四十三乡，每乡别均赋常积六千三百尺，限一日役羡道毕。二县差到人共造仰观台，二县乡人共造羡道，皆从先给甲县，以次与乙县。台自下基给高，道自初登给袤。问：台道广高袤及县别给高广袤各几何？

答曰：台高一十八丈，上广七丈，下广九丈，上袤一十丈，下袤一十四丈。甲县给高四丈五尺，上广八丈五尺，下广九丈，上袤一十三丈，下袤一十四丈。乙县给高一十三丈五尺，上广七丈，下广八丈五尺，上袤一十丈，下袤一十三丈。羡道高一十八丈，上广三丈六尺，下广二丈四尺，袤一十四丈。甲县乡人给高九丈，上广三丈，下广二丈四尺，上袤七丈，下袤一十四丈。乙县乡人给高九丈，上广三丈六尺，下广三丈，下袤七丈。

这一个题目非常冗长，并且所求的数目很多，一时不容易弄清楚。现在把它分成四个部分，依次详加说明，并叙述它的解法。

　　上举问题的第一部分，是长方棱台求积的还原计算，现在用简明的字句译述如下：

　　掌管历法的官要造一座天文台，这台的底和顶（或称下底和上底）都是长方形，底的长和阔大于顶的长和阔。上下两个阔的差是2丈，上下两个长的差是4丈，上长和上阔的差是3丈，高比上阔多11丈。这天文台要甲乙两县派人造成，甲县派1418人，乙县派3222人，夏天每人每日可造成75立方尺的体积，在限期5日内恰巧造完。问：这座天文台的高、上阔、下阔、上长、下长各多少？

　　在这一问题中，天文台的体积是很容易求到的，只要用总人数和日数连续乘每人每日所造的立方尺数就得，如下式：

　　75立方尺×（1418+3222）×5=1740000立方尺。

　　所以，原书术文的开首一段这样说：

术曰：以程功尺数乘二县人，又以限日乘之为台积。

知道了台的体积，又知长、阔、高相互间的四个差数，要去求长、阔、高，必先知道一个长方棱台求积的公式。

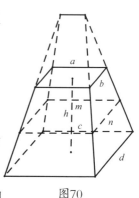

图70

在《九章算术》中，把长方棱台叫"刍童"，如图70，这就是一个平截长方楔。设上长是a，上阔是b，下长是c，下阔是d，高是h，体积是V。根据《九章算术》的算法，可译成如下的公式：

$$V = \frac{h}{6}[(2b+d)a + (2d+b)c]$$

这个公式的证明见《中国算术故事》，这里不去细说了。

在近世立体几何中，这种立体的求积公式有下列两种：

$$V = \frac{h}{6}(ab + cd + 4mn) \dotfill (1)$$

$$V = \frac{h}{3}\left(B_1 + B_2 + \sqrt{B_1 B_2}\right) \dotfill (2)$$

其中的（1）式可适用于一切的长方棱台，m和n是距上下两底等远的截面的长和阔。又（2）式只适用于特殊的长方棱台，就是平截长方棱锥，它的四条侧棱的延长线可以交于一点，B_1 和 B_2 分别表示上下两底的面积。现在把中国古代的公式分别化成这两个新公式，来说明它和近世立体几何中的两种算法是一样的。

因为 m 和 n 各是侧面上的梯形的中线，所以

$$a + c = 2m, \quad b + d = 2n$$

于是可化《九章算术》公式得

$$V = \frac{h}{6}[ab + cd + (b+d)a + (b+d)c]$$

$$= \frac{h}{6}[ab + cd + (a+c)(b+d)]$$

$$= \frac{h}{6}(ab + cd + 2m \times 2n)$$

$$= \frac{h}{6}(ab + cd + 4mn)$$

就是上举的（1）式。

又设这长方棱台是一个平截棱锥，延长四条侧棱可以相交于一点，如图71，从相似三角形对应边成比例的定理，得

$$a : c = m : n, \quad b : d = m : n$$

$$\therefore \qquad a : c = b : d$$

$$ad = bc$$

于是化《九章算术》公式得

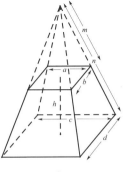

图71

$$V = \frac{h}{6}(2ab + 2cd + ad + bc) = \frac{h}{3}\left[ab + cd + \frac{1}{2}(ad + bc)\right]$$

$$= \frac{h}{3}\left(ab + cd + \frac{1}{2} \times 2bc\right) = \frac{h}{3}(ab + cd + bc)$$

$$= \frac{h}{3}\left[ab + cd + \sqrt{(bc)^2}\right] = \frac{h}{3}(ab + cd + \sqrt{bc \times ad})$$

$$= \frac{h}{3}(ab + cd + \sqrt{ab \times cd}) = \frac{h}{3}\left(B_1 + B_2 + \sqrt{B_1 B_2}\right)$$

这就是前举的（2）式。

现在重新接下去讨论《缉古算术》里的那一个问题。

如图72，设长方棱台的上阔是 x，上长是 $x+p$，下阔是 $x+q$，下长是 $(x+p)+m$，高是 $x+n$，其中的 p、q、m、n 都是已知数。根据《九章算术》的刍童公式，得体积是

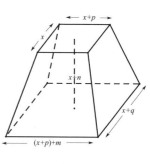

图72

$$V = \frac{1}{6}(x+n)\{[2x+(x+q)](x+p) + [2(x+q)+x][(x+p)+m]\}$$

$$= \frac{1}{6}(x+n)[(3x+q)(x+p) + (3x+2q)(x+p+m)]$$

$$= \frac{1}{6}(x+n)[3x(x+p) + q(x+p) + 3x(x+p) + 2q(x+p) + 3mx + 2qm]$$

$$= \frac{1}{6}(x+n)[6x(x+p) + 3q(x+p) + 3mx + 2qm]$$

$$= (x+n)\left[x(x+p) + \frac{1}{2}q(x+p) + \frac{1}{2}mx + \frac{1}{3}qm \right]$$

$$= (x+n)\left\{ x^2 + \left[p + \frac{1}{2}(q+m) \right]x + \left(\frac{1}{3}qm + \frac{1}{2}pq \right) \right\}$$

$$= x^3 + \left[(p+n) + \frac{1}{2}(q+m) \right]x^2$$

$$+ \left\{ n\left[p + \frac{1}{2}(q+m) \right] + \left(\frac{1}{3}qm + \frac{1}{2}pq \right) \right\}x + \left(\frac{1}{3}qmn + \frac{1}{2}pqn \right)$$

移项, 得三次方程的公式:

$$x^3 + \left[(p+n) + \frac{1}{2}(q+m) \right]x^2 + \left\{ n\left[p + \frac{1}{2}(q+m) \right] + \left(\frac{1}{3}qm + \frac{1}{2}pq \right) \right\}x$$

$$= V - \left(\frac{1}{3}qmn + \frac{1}{2}pqn \right).$$

《缉古算术》称式中 $\frac{1}{3}qm$ 是 "隅阳幂", $\frac{1}{2}pq$ 是 "隅头幂", $\frac{1}{3}qmn$ 是 "隅阳截积", $\frac{1}{2}pqn$ 是 "隅头截积", $\frac{1}{2}(q+m)$ 是 "正数"。又方程的右边 (就是常数项) 称作 "实", 左边 x 的系数称作 "方法", x^2 的系数称作 "廉法", 解这个三次方程来求 x 的方法, 称作 "从开立方除之"。所以有如下的术文:

又以上下袤差 (m) 乘上下广差 (q), 三而一, 为隅阳幂, 以乘截高 (n) 为隅阳截积。又半上下广差, 乘斩上袤 (p), 为隅头幂, 以乘截高, 为隅头截积。并二积, 以减台积 (V), 余为实。以上下广差并上下袤差, 半之, 为正数, 加截上袤 (p), 以乘截高, 所得增隅阳幂, 加隅头幂, 为方法。又并截高及截上衰与正数，为廉法。从开立方除之，即得上广。各加差，得台下广及上下衰、高。

上举的术文，如果不用前面的方程来做对照，那是很难看懂的。

用已知数$V=1740000$立方尺，$q=20$尺，$m=40$尺，$P=30$尺，$n=110$尺代入公式，得

$$x^3+170x^2+7166\frac{2}{3}x=1677666\frac{2}{3}$$

解得上阔$x=70$尺，求得下阔$x+q=70$尺$+20$尺$=90$尺，上长$x+p=70$尺$+30$尺$=100$尺，下长$(x+p)+m=100$尺$+40$尺$=140$尺，高$x+n=70$尺$+110$尺$=180$尺。

至于这一个三次方程的解法，不在本书范围以内，可参阅《中国代数故事》一书。

三

　　接着讨论第二个部分, 就是长方棱台的截积术。继续译述原题如下:

　　续前, 若台的下部先给甲县的1418人建造, 上部再给乙县的3222人建造, 问: 各县所造的长、阔、高各多少?

　　在这里, 我们先计算乙县的人所造的体积, 得

$$75立方尺 \times 3222 \times 5 = 1208250立方尺$$

　　这一个体积是用平行于底的平面横截长方棱台所得的上部的体积。要从这一个数和已经求得的各数来求这平截体的长、阔、高, 可用下面的方法(图73):

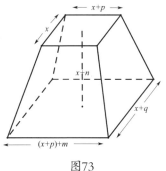

图73

　　设截面的长是c_r, 阔是d_x, 上部的平截体的高是h_x, 体积是V', 其余同前。

从刍童公式，得

$$V' = \frac{h_x}{6}\left[(2b+d_x)a+(2d_x+b)c_x\right]$$

$$= \frac{h_x}{6}\left(2ab+ad_x+2c_xd_x+bc_x\right)$$

以 $\dfrac{3h^2}{(c-a)(d-b)}$ 乘两边，得

$$\frac{3h^2V'}{(c-a)(d-b)} = \frac{h_x}{2}\left[2\times\frac{ha}{c-a}\times\frac{hb}{d-b}+\frac{ha}{c-a}\times\frac{hd_x}{d-b}\right.$$

$$\left. +2\times\frac{hc_x}{c-a}\times\frac{hd_x}{d-b}+\frac{hc_x}{c-a}\times\frac{hb}{d-b}\right]\cdots\cdots\cdots(1)$$

再作垂直于底的平面，使和长方底面的长边平行，得截面 $ABCD$，如图74，是一个梯形。这梯形的上、下二底各等于 a、c，高等于 h，它和横截面的交线 EF 等于 c_x。从 D 作 $DHG /\!/ AB$，根据相似三角形的底和高成比例的定理，得

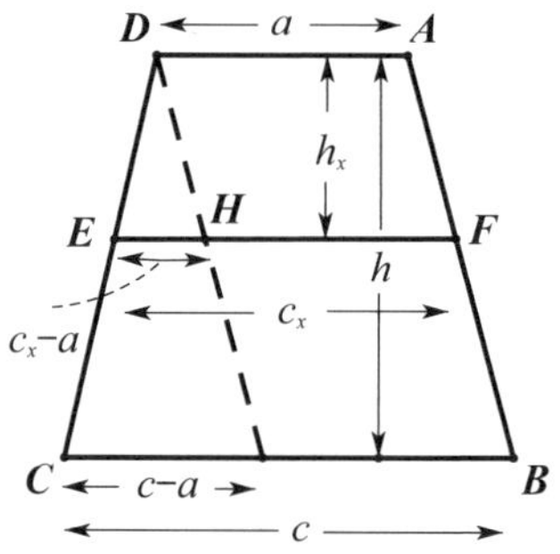

图74

$$(c-a):(c_x-a) = h:h_x$$

$$\therefore \qquad h_x = \frac{h(c_x-a)}{c-a}$$

如果作垂直于底而和底的阔边平行的平面，那么仿上

法可得 $h_x = \dfrac{h(d_x - b)}{d - b}$

于是得　$\dfrac{ha}{c-a} \times \dfrac{hd_x}{d-b} = \dfrac{ha}{c-a} \times \left[\dfrac{hb}{d-b} + \dfrac{h_x(d-b)}{d-b}\right]$

$= \dfrac{ha}{c-a} \times \left(\dfrac{hb}{d-b} + h_x\right) = \dfrac{ha}{c-a} \times \dfrac{hb}{d-b} + \dfrac{ha}{c-a} \times h_x \cdots\cdots (2)$

$2 \times \dfrac{hc_x}{c-a} \times \dfrac{hd_x}{d-b}$

$= 2 \times \left[\dfrac{ha}{c-a} + \dfrac{h_x(c-a)}{c-a}\right]\left[\dfrac{hb}{d-b} + \dfrac{h_x(d-b)}{d-b}\right]$

$= 2 \times \left(\dfrac{ha}{c-a} + h_x\right)\left(\dfrac{hb}{d-b} + h_x\right)$

$= 2 \times \dfrac{ha}{c-a} \times \dfrac{hb}{d-b} + 2 \times \dfrac{ha}{c-a} \times h_x + 2 \times \dfrac{hb}{d-b} \times h_x + 2h_x{}^2 \cdots (3)$

同（2）得

$\dfrac{hc_x}{c-a} \times \dfrac{hb}{d-b} = \dfrac{ha}{c-a} \times \dfrac{hb}{d-b} + \dfrac{hb}{d-b} \times h_x \cdots\cdots (4)$

以（2）（3）（4）代入（1），得

$$\dfrac{3h^2 V'}{(c-a)(d-b)} = \dfrac{h_x}{2}\left(6 \times \dfrac{ha}{c-a} \times \dfrac{hb}{d-b} + 3 \times \dfrac{ha}{c-a} \times h_x + 3 \times \dfrac{hb}{d-b} \times h_x + 2 \times h_x{}^2\right)$$

$$= h_x\left(3 \times \dfrac{ha}{c-a} \times \dfrac{hb}{d-b} + \dfrac{3}{2} \times \dfrac{ha}{c-a} \times h_x + \dfrac{3}{2} \times \dfrac{hb}{d-b} \times h_x + h_x{}^2\right)$$

就是

$$h_x{}^3 + \dfrac{3}{2}\left(\dfrac{ha}{c-a} + \dfrac{hb}{d-b}\right)h_x{}^2 + 3 \times \dfrac{ha}{c-a} \times \dfrac{hb}{d-b} h_x = \dfrac{3h^2 V'}{(c-a)(d-b)} \cdots (5)$$

再从前举的比例式，得

$$c_x - a = \dfrac{h_x(c-a)}{h}$$

$$\therefore \qquad c_x = \frac{h_x(c-a)}{h} + a \cdots\cdots\cdots\cdots\cdots (6)$$

同理 $d_x = \dfrac{h_x(d-b)}{h} + b \cdots\cdots\cdots (7)$

《缉古算术》称 $\dfrac{ha}{c-a}$ 是"上广之高"，$\dfrac{hb}{d-b}$ 是"上袤之高"，所以有如下的术文；读者把它和上举公式对照着看，自然可以明白。

求均给积尺受广袤术曰：以程功尺数乘乙县人，又以限日乘之，为乙积 (V')。三因之，又以高幂 (h^2) 乘之，以上下广差 $(d-b)$ 乘袤差 $(c-a)$ 而一，为实。又以台高 (h) 乘上广 (b)，广差而一，为上广之高，又以台高乘上袤 (a)，袤差而一，为上袤之高，又以上广之高乘上袤之高，三之，为方法。又并二高，三之，二而一，为廉法。从开立方除之，即乙高 (5)。以减本高，余即甲高，此是从下给台甲高。又以广差乘乙高，如本高而一，所得加上广，即甲上广 (7)。又以袤差乘乙高，如本高而一，所得加上袤，即甲上袤 (6)。其甲上广袤即乙下广袤，台上广袤即乙上广袤。

用已知数代入 (5)，得

$$h_x^3 + 1620h_x^2 + 850500h_x = 146802375$$

解得乙县所造的高 $h_x = 135$ 尺，这解法的算式见《中国代数故事》的例题。又甲县所造的高是

$$h - h_x = 180\text{尺} - 135\text{尺} = 45\text{尺}$$

再从 (6)，得乙县所造的下长和甲县所造的上长都是

$$c_x = \frac{135 \times 40}{180} 尺 + 100 尺 = 130 尺$$

再从(7)，得乙县所造的下阔和甲县所造的上阔都是

$$d_x = \frac{135 \times 20}{180} 尺 + 70 尺 = 85 尺$$

四

《缉古算术》第二题的第三部分是楔的求积还原计算，译述原题如下：

在天文台的南面，造一登台的斜坡，这是一个五面体，底面是长方形，前面的斜面是等腰梯形，后面是垂直于底的等腰梯形，左右两面都是三角形。已知斜面的上阔比下阔多12尺，比底长少104尺，高比底长多40尺。这斜坡由甲乙二县的乡人建造，甲县13乡，乙县43乡，每乡每日能造6300立方尺的体积，在限期1日内造成。问：斜坡的底长、上阔、下阔、高各多少？

先求斜坡的体积，得

6300立方尺×（13+43）=352800立方尺

从这体积，和题中已知长、阔、高相互间的三个差数，就可求这立体的长、阔、高。要讨论这一个解法，必须先提一下《九章算术》中的一个求积公式。

《九章算术》把楔叫"刍甍"，在《中国算术故事》中已经举示公式，并做简略说明。但前举的图形和本题略有不同，所以现在还要重新证明一下。

如图75，设楔的下阔是a，上阔是b，底长是c，高是h，体积是V。又如图76，过底面的两条长边各作底的垂直面，纵截楔积成三块。两侧的两块各是一个小三棱锥（《九章算术》称作"鳖臑"），可以合成一个大三棱锥，体积是$\frac{1}{6}hc(b-a)$。中间一块是一个长方体的斜截平分体（《九章算术》称作"堑堵"），体积是$\frac{1}{2}hca$。所以楔的体积是

$$V = \frac{1}{6}hc(b-a) + \frac{1}{2}hca$$

$$= \frac{1}{6}hc[(b-a)+3a] = \frac{1}{6}hc(2a+b)$$

有了这一个楔的求积公式，就可以讨论还原的问题。

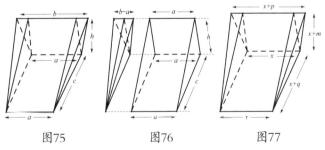

图75   图76   图77

如图77，设斜坡的下阔是x，上阔是$x+p$，底长是$x+q$，高是$x+m$，其中的p、q、m都是已知数。

根据《九章算术》的刍甍公式，得体积是

$$V = \frac{1}{6}(x+m)(x+q)[2x+(x+p)]$$

$$= \frac{1}{6}(x+m)(x+q)(3x+p)$$

$$= \frac{1}{2}(x+m)(x+q)\left(x+\frac{1}{3}p\right)$$

$$= \frac{1}{2}\left\{x^3 + \left(\frac{1}{3}p+q+m\right)x^2 + \left[\frac{1}{3}p(q+m)+qm\right]x + \frac{1}{3}pqm\right\}$$

化得三次方程的公式：

$$x^3 + \left(\frac{1}{3}p+q+m\right)x^2 + \left[\frac{1}{3}p(q+m)+qm\right]x = \frac{1}{3}(6V-pqm)$$

原书中称 qm 是"隅阳幂"，pqm 是"鳖隅积"，$p(q+m)$ 是"鳖从横廉幂"，有如下的术文：

求美道广袤高术曰：以均赋常积乘二县五十六乡，又六因，为积（$6V$）。又以道上广多下广数（p）加上广少袤，为下广少袤（q）。又以高多袤加下广少袤，为下广少高（m）。以乘下广少袤为隅阳幂，又以下广少上广乘之，为鳖隅积，以减积，余三而一，为实。并下广少袤与下广少高，以下广少上广乘之，为鳖从横廉幂，三而一，加隅阳幂，为方法。又以三除上广多下广，以下广少袤，下广少高加之，为廉法。从开立方除之，即下广。加广差即上广，加袤多上广于上广，即袤，加高多袤，即道高。

已知V=352800立方尺, q=12尺+104尺=116尺, p=12尺, m=116尺+40尺=156尺代入上式, 得

$$x^3+276x^2+19184x=6333216$$

解得斜坡的下阔x=24尺, 这解法的算式见《中国代数故事》的例题, 继续求得上阔x+p=24尺+12尺=36尺, 底长x+p=24尺+116尺=140尺, 高x+m=24尺+156尺=180尺。

五

最后的一部分是楔的截积术，题意是：

续前，如果用一个和后面的梯形平行，而和底垂直的平面，纵截斜坡成二部分，其中较低的一部分给甲县13乡建造，较高的一部分给乙县43乡建造。问：各县所造的长、阔、高各多少？

先求甲县所造的体积，得

6300立方尺×13=81900立方尺

再由下法列出求各数的公式：

如图78，设纵截面的梯形上阔是b_x，下阔是a，高是h_x，截得的底长是c_x，体积是V'，其余同前。

从《九章算术》的刍甍公式，得

$$V' = \frac{1}{6}h_x c_x (2a + b_x) = \frac{1}{6}h_x c_x \left[3a + (b_x - a)\right] \cdots\cdots\cdots (1)$$

又如图79，在梯形的斜面$ABCD$上，作直线$BMN\parallel CD$，

从相似三角形对应边成比例的定理,得$AB:GB=(b-a):(b_x-a)$

如图80,在$\triangle ABE$的面上,同理,得

$$AB:GB=c:c_x$$

$$\therefore c:c_x=(b-a):(b_x-a)$$

$$b_x-a=\frac{(b-a)c_x}{c}\cdots\cdots\cdots\cdots\cdots(2)$$

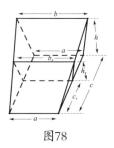 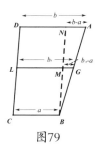 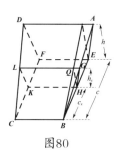

图78 图79 图80

又通过BE作垂直于底面的平面,交梯形面$AEFD$于PE,交截面$GHKL$于QH,那么$PE=h$,$QH=h_x$,仍由前理,得

$$c:c_x=h:h_x$$

$$h_x=\frac{hc_x}{c}\cdots\cdots\cdots\cdots\cdots(3)$$

以(2)(3)代入(1),得

$$V'=\frac{1}{6}\times\frac{hc_x}{c}\times c_x\times\left[3a+\frac{(b-a)c_x}{c}\right]=\frac{3hac_x^2}{6c}+\frac{h(b-a)c_x^3}{6c^2}$$

两边各乘$\dfrac{6c^2}{h(b-a)}$,得$\dfrac{6c^2V'}{h(b-a)}=\dfrac{3ac}{b-a}c_x^2+c_x^3$

就是 $c_x^3 + \dfrac{3ac}{b-a}c_x^2 = \dfrac{6c^2V'}{h(b-a)}$ ……………………（4）

又由（2），得　　$b_x = \dfrac{(b-a)c_x}{c} + a$ ………………（5）

由（3）得　　　　$h_x = \dfrac{hc_x}{c}$ ……………………（6）

（4）式的三次方程是缺少一次项的，这时的二次项的系数，特称"都廉"，所以原书的术文这样说：

求美道均给积尺甲县受广袤术曰：以均赋常积乘甲县一十三乡，又六因为积（$6V'$），以袤再乘之（即以c^2乘），以道上下广差乘台高，为法而一，为实，又三因下广，以袤乘之，如上下广差而一，为都廉。从开立方除之，即甲袤（4）。以广差乘甲袤，本袤而一，以下广加之，即甲上广（5），又以台高乘甲袤，本袤除之，即甲高（6）。

已知V'=819000立方尺，a=24尺，c=140尺，h=180尺，$b-a$=12尺，代入（4），得

$$c_x^3 + 840c_x^2 = 4459000$$

解得甲县所造斜坡的底长c_x=70尺。于是乙县所造的底长是　　　　　　$c-c_x$=140尺-70尺=70尺

再由（5）式，得甲县所造的上广和乙县所造的南端上广都是 $b_x = \dfrac{12 \times 70}{140}$尺+24尺=30尺

再由（6）式，得甲县所造的高和乙县所造的南端高都

是 $h_x = \dfrac{180 \times 70}{140}$ 尺 $= 90$ 尺

　　原书关于这最后一部分的答案, 和实际求到的不符, 清李锐曾经指出它的错误。又清张敦仁著《缉古算经·细草》三卷, 用天元术解原书所有题目, 在第二题下曾把最后的几个答案订正如下:

　　甲县乡人给高九丈, 上广三丈, 下广二丈四尺, 袤七丈。乙县乡人给南头高九丈, 北头高一十八丈, 南头上广三丈, 北头上广三丈六尺, 下广二丈四尺, 袤七丈。

平面和球面三角学上的创造

中国古代和三角学有关的几何研究，除了前述类似于三角测量的重差术以外，还有一种"弧矢割圆"的算法，是和三角函数造表术的初步原理一样的。弧矢割圆导源于《九章算术》的勾股术和弧田（就是弓形或弧矢形）求积术。宋代沈括（1031-1095）在这个基础上创立了"会圆术"，可以由圆的直径和弓形的矢求弓形的弦和弧。元初郭守敬（1231-1316）为了历法计算的需要，再加变通，创造一个已知圆径和弓形弧求矢的公式，并且由此算出各种度数的正弦和正矢的数值，列成计算用的表，这种表叫作"立成"，和现今的三角函数表类似。

现在把这些有关弧矢割圆

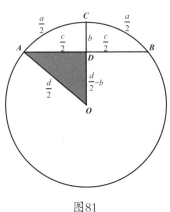

图81

的公式依次记述于下。

《九章算术》勾股章的"圆材埋壁"公式和弧田求积公式，前面虽然都已讲过，这里为了清楚起见，重新绘图（图81）列举在下面：

$$d = \frac{\left(\frac{c}{2}\right)^2}{b} + b \cdots\cdots\cdots\cdots\cdots\cdots (1)$$

$$A = \frac{1}{2}\left(bc + b^2\right)\cdots\cdots\cdots\cdots\cdots (2)$$

沈括会圆术的两个公式是：

$$\frac{c}{2} = \sqrt{\left(\frac{d}{2}\right)^2 - \left(\frac{d}{2} - b\right)^2} \cdots\cdots\cdots\cdots\cdots (3)$$

$$a = \frac{2b^2}{d} + c\cdots\cdots\cdots\cdots\cdots (4)$$

沈括在他所著的《梦溪笔谈》里只举出了这两个算法，并没有加以证明。但是我们容易看出，（3）式可由（1）式化成，也可以由图中阴影标出的直角三角形，根据勾股定理得

$$\left(\frac{c}{2}\right)^2 = \left(\frac{d}{2}\right)^2 - \left(\frac{d}{2} - b\right)^2$$

再经开平方而得。（4）式是一个近似公式，它是根据（2）式和圆面积公式 $A = \frac{p}{2} \times \frac{d}{2}$ 求得的（p 是圆周）。

因为扇形 $OACD$=弧形 ACB+OAB

$$= \frac{1}{2}\left(bc + b^2\right) + \frac{1}{2}c\left(\frac{d}{2} - b\right) = \frac{1}{2}b^2 + \frac{1}{4}cd$$

又变通圆面积公式（就是两边各取 $\dfrac{a}{p}$），可得

扇形　　　　　$OACB = \dfrac{a}{2} \times \dfrac{d}{2} = \dfrac{1}{4}ad$

$\therefore$　　　　　$\dfrac{1}{4}ad = \dfrac{1}{2}b^2 + \dfrac{1}{4}cd$

以4乘两边，再以 d 除两边，就得公式（4）。

我们如果把公式（1）代入（4），还可化得下面两个公式：

$$c^3 - ac^2 + 4b^2c + 4b^2(2b-a) = 0 \quad\cdots\cdots\cdots\cdots\cdots\cdots (5)$$

$$2b^3 - (a-c)b^2 - (a-c)\left(\dfrac{c}{2}\right)^2 = 0 \quad\cdots\cdots\cdots\cdots\cdots\cdots (6)$$

这里的（5）是关于 c 的三次方程，（6）是关于 b 的三次方程。

郭守敬作《授时历》，在计算时经常用到下面的一个公式：

$$b^4 + (d-a)db^2 - d^3b + \dfrac{a^2d^2}{4} = 0 \quad\cdots\cdots\cdots\cdots\cdots\cdots (7)$$

这是关于 b 的四次方程，显然是由（1）和（4）消去 c 得到的。

郭守敬以一天内太阳在天球上的视位置移动（就是视运动）的弧长作1度[1]，所以他把一年内太阳视位置移动的圆

1.天球是以地心为中心而半径很大的一个假想的球，它的两极是延长地轴和天球面相交的两点，两极的连线叫天轴。因为地球半径比起天球半径来，微小得可以略去不计，所以地球上任何地点的观测者都可以当作在天球的中心。把天体和观测者的眼睛连成直线，延长交天球面于一点，这点就是天体在天球面上的射影，叫作天体的视位置。

周长假定作 $365\frac{1}{4}$ 度[1]，这是和现今所定圆周为360° 很相近的。再根据古率 $\pi=3$，算得这个圆的直径是

$$d = 365\frac{1}{4}\,度 \div 3 = 121.75\,度$$

（直径上的1度，就是和1度弧长相等的直线段的长）。郭守敬由各种弧长 (a) 的度数和这个直径 (d) 的度数，利用公式(7)算出相应的矢 (b) 的数值，再由公式(3)算出半弦 $(\frac{c}{2})$ 的数值，把它们列成数表。因为当弧长是 a 度时的矢长 b（古称矢度），就是现今所称的"a的正矢"或 $vers\,a$（就是$1-cos\,a$），半弦长 $\frac{c}{2}$（古称半弧弦）就是"a的正弦"或 $sin\,a$，所以郭守敬的"立成"实际就是包含正弦、正矢的三角函数表。现在用三角函数符号，记出郭守敬的"黄赤道相求弧矢诸率立成"中的部分数字如下表：

a	1度	24度	44度	91.31度
$sin\,a$	1. 0000	23.8070	41.7454	60.8750
$vers\,a$	0.0082	4.8482	16.5682	60.8750

1.天球是以地心为中心而半径很大的一个假想的球，它的两极是延长地轴和天球面相交的两点，两极的连线叫天轴。因为地球半径比起天球半径来，微小得可以略去不计，所以地球上任何地点的观测者都可以当作天球的中心。把天体和观测者的眼睛连成直线，延长交天球面于一点，这点就是天体在天球面上的射影，叫作天体的视位置。

在上表中，由于弧长 a 是1度时，半弦差不多和弧相合，所以 $sin\ a=1$。又因圆周长是 $365\frac{1}{4}$ 度，所以91.31度是四分之一圆周（即一象限），半弦等于半径，就是

$$\sin a = r = \frac{d}{2} = 121.75度 \div 2 = 60.8750度$$

这个表里的数字如果按照圆周等于360°，半径等于1来换算，再把所得的数和现今的三角函数表来比较，虽然还不够精确，但原理都是一样的。

关于公式（5）和（6），可以用来做正弦和正矢互求的计算，这里不去详细说明了。

二

　　郭守敬不但能割平面的圆来做平面三角的计算，还能割浑圆（古时把球称作浑圆）来做球面三角的计算，例如，已知天球直径和黄赤交角，又知黄道上某一点的黄经余弧，就可以求这一点的赤经余弧和赤纬[1]。现在先行绘图说明这

1.在天球上距离两极相等的一个大圆，叫作天赤道。一年之内，太阳的视位置移动的轨迹，也是一个大圆，叫作黄道。黄道与天赤道的两个交点是春分点和秋分点（春分点即春分时太阳的视位置，余类推）；黄道上在春分点和秋分点间的中点是夏至点和冬至点（如图82，O是天球中心，N是天球北极，AE是天赤道的象限弧，AD是黄道象限弧，A是春分点，D是夏至点）。黄道面和天赤道面的交角，叫作黄赤交角，或称黄赤大距（古称"二至黄赤道内外半弧背"，如图中的$\angle DOE$，可以拿DE弧来量度）。通过某一天体的视位置和天极作一个大圆（叫赤经圈），交赤道于一点，这交点和天体视位置间的弧长，叫作这个天体的赤纬（古称"赤道内外度"，例如天体视位置在黄道上的一点B，它的赤纬就是BC弧）。通过天体视位置的赤经圈交天赤道或黄道于一点，从春分点向东量到这交点的弧长，叫作这个天体的赤经或黄经（例如，B点的赤经是AC，黄经是AB）。从象限弧减去赤经或黄经，所余的叫作赤经余弧（古称"赤道积度"，例如，B点的赤经余弧是CE）或黄经余弧（古称"黄道积度"，例如，B点的黄经余弧是BD）。

个问题的意义，然后再讲它的解法。

如图82，已知天球半径 $OA=OB=OC=OD=OE=ON=\dfrac{d}{2}$，黄道上一点$B$的黄经余弧 $BD=\dfrac{a}{2}$，黄赤交角 $DE=\dfrac{a_1}{2}$。

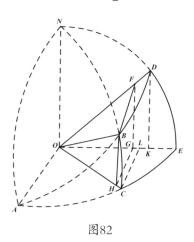

图82

求这一点B的赤经余弧CE和赤纬BC。

要解决这个问题，除了要应用勾股定理和相似三角形的比例定理以外，还要用到上节的公式（4）和（7）。

下面就是这个问题的解法步骤：

（一）作$BF\perp OD$，在半个弧矢形BDF中，已知弧 $BD=\dfrac{a}{2}$，$OD=\dfrac{d}{2}$，代入公式（7），可用正负开方术解四次方程得b，就是FD。于是由$\dfrac{d}{2}-b$可以求得OF。

（二）作$DK\perp OE$，在半个弧矢形DEK中，已知弧 $DE=\dfrac{a_1}{2}$，$OE=\dfrac{d}{2}$，仿上法求b_1，即KE。从而可由$\dfrac{d}{2}-b_1$得OK。

（三）作 $FG \perp OE$，因为 $\triangle ODK \backsim \triangle OFG$，$OD : OF = OK : OG$，所以由已知的前三项，可以求得末项 OG。

（四）在半个弧矢形 BDF 中，由公式（4）可求 $\dfrac{c}{2}$，即 BF。

（五）作 $BH \perp OC$，由立体几何定理，可以证明 $BHGF$ 是平行四边形，$HG \perp OE$，于是由勾股定理得

$$OH = \sqrt{\overline{OG}^2 + \overline{HG}^2} = \sqrt{\overline{OG}^2 + \overline{BF}^2}$$

再由 $\dfrac{d}{2} - OH$，可得 HC。

（六）作 $CL \perp OE$，因为 $\triangle OHG \backsim \triangle OCL$，$OH : OC = OG : OL$，由已知的前三项，可以求得末项 OL，再由 $\dfrac{d}{2} - OL$，可得 LE。

（七）同上，由 $OH : OC = HG : CL$，就是 $OH : OC = BF : CL$ 可以求得 CL。

（八）在半个弧矢形 CEL 中，已知 $LE = b_2$，$CL = \dfrac{c_2}{2}$，由公式（4）可以求 $\dfrac{a_2}{2}$，就是 CE 弧。

到这里，上半题已经解决，继续解下半题如下：

（九）在直角三角形 ODK 中，已知 OD、OK，可以求 DK。

（十）因为 $\triangle ODK \backsim \triangle OFG$，$OD : OF = DK : FG$，就是 $OD : OF = DK : BH$，所以可由已知的前三项，求得末项 BH。

（十一）在半个弧矢形BCH中，已知HC＝b_3，$BH=\dfrac{c_3}{2}$，由公式（4）可以求$\dfrac{c_3}{2}$，就是BC弧。

郭守敬的这一个算法，无疑是用几何方法证明了球面三角学中如下的两个公式：

$$\sin b = \frac{\sin c \cdot \cos A}{\sqrt{\sin^2 c \cdot \cos^2 A + \cos^2 c}}$$

$$\sin a = \sin c \cdot \sin A$$

理由如下：

由上举郭守敬问题的解法（六）和（三），可得

$$OL = \frac{OG \cdot OC}{OH} \qquad OG = \frac{OF \cdot OK}{OD}$$

以后式代入前式，约去相等的OC和OD，得

$$OL = \frac{OF \cdot OK}{OH}$$

又由（五）$OH = \sqrt{\overline{OG}^2 + \overline{BF}^2}$，代入前式，得

$$OL = \frac{OF \cdot OK}{\sqrt{\overline{OG}^2 + \overline{BF}^2}} = \frac{OF \cdot OK}{\sqrt{\left(\dfrac{OF \cdot OK}{OD}\right)^2 + \overline{BF}^2}}$$

如果这是一个单位球[1]，就是半径$OD=1$，那么

$$OL = \frac{OF \cdot OK}{\sqrt{\overline{OF}^2 \cdot OK^2 + \overline{BF}^2}}$$

设在单位球上的球面三角形ABC中，弧$BC=a$，弧$CA=b$，弧$AB=c$，那么

$$OL = \cos\left(\frac{\pi}{2}-b\right) = \sin b \qquad OF = \cos\left(\frac{\pi}{2}-c\right) = \sin c$$

$$OK = \cos A \qquad\qquad BF = \sin\left(\frac{\pi}{2}-c\right) = \cos c$$

把这四个式子代入前面的一个式子，就得前举球面三角学的第一个公式。

又由（十）$BH = \dfrac{OF \cdot DK}{OD}$

仍设$OD=1$，那么 $BH = OF \cdot DK$

但是$BH=\sin a$，$OF=\sin c$，$DK=\sin A$

代入上式，就得前举球面三角学的第二个公式。

1.这里为便利起见，假定它是一个单位球。如果不是单位球，那么可用半径去除上式的两边，再以半径除右边的分子、分母，也可以得到同样的结果。